中华人民共和国能源行业标准

水电工程三相交流系统短路电流计算导则

Guide for short-circuit current calculation in three-phase
AC systems of hydropower projects

NB/T 35043—2014
代替 DL/T 5163—2002

主编部门：水电水利规划设计总院
批准部门：国　家　能　源　局
施行日期：2015 年 03 月 01 日

中国电力出版社

2014　北京

中华人民共和国能源行业标准

水电工程三相交流系统短路电流
计 算 导 则

Guide for short-circuit current calculation in three-phase
AC systems of hydropower projects

NB/T 35043 — 2014
代替 DL/T 5163 — 2002

*

中国电力出版社出版、发行
（北京市东城区北京站西街 19 号　100005　http://www.cepp.sgcc.com.cn）
北京博图彩色印刷有限公司印刷

*

2015 年 3 月第一版　2015 年 3 月北京第一次印刷
850 毫米×1168 毫米　32 开本　3.75 印张　91 千字
印数 0001—3000 册

*

统一书号 155123·2270　　定价 **31.00** 元

敬 告 读 者

本书封底贴有防伪标签，刮开涂层可查询真伪
本书如有印装质量问题，我社发行部负责退换

版 权 专 有　翻 印 必 究

NB/T 35043—2014

国家能源局

公 告

2014年 第11号

依据《国家能源局关于印发〈能源领域行业标准化管理办法（试行）〉及实施细则的通知》（国能局科技〔2009〕52号）有关规定，经审查，国家能源局批准《压水堆核电厂用碳钢和低合金钢 第17部分：主蒸汽系统用推制弯头》等330项行业标准，其中能源标准（NB）71项、电力标准（DL）122项和石油天然气标准（SY）137项，现予以发布。

附件：行业标准目录

国家能源局
2014年10月15日

附件：

行 业 标 准 目 录

序号	标准编号	标准名称	代替标准	采编号	批准日期	实施日期
…						
52	NB/T 35043—2014	水电工程三相交流系统短路电流计算导则	DL/T 5163—2002		2014-10-15	2015-03-01
…						

前 言

根据《国家能源局关于下达2009年第一批能源领域行业标准制（修）订计划的通知》（国能科技〔2009〕163号）的要求，编制组认真总结工程实践经验，针对原计算导则的运算曲线已经不能正确反映实际情况等问题，在广泛调查研究并征求意见的基础上，修订本导则。

本导则的主要技术内容是：短路电流计算的基本规定、短路点与短路时间的选定、短路电流计算的暂态解析法、短路电流计算的运算曲线法。

本导则修订的主要技术内容是：
—— 采用了国标新版本的规范化术语。例如，采用"峰值耐受电流""短时耐受电流"等取代了"动稳定""热稳定"等术语。
—— 对设计继电保护时短路电流计算的项目做了修改。
—— 对国内已投入运行的大中型水轮发电机和发电电动机的电抗、时间常数等进行了统计和计算，得到了优化值，据此对导则中的运算曲线进行了修改和补充。提供了变压器等电气设备参数的新的参考值。
—— 简化了暂态解析法的相关内容，删去了运算曲线法中不适用于自并励机组的修正系数计算。
—— 在附录中新增了"变压器两侧的短路电流标幺值"。
—— 根据新的发电机优化参数值和新的运算曲线，重新计算了算例。

本导则由国家能源局负责管理，由水电水利规划设计总院提出并负责日常管理，由能源行业水电电气设计标准化技术委员会负责具体技术内容的解释。执行过程中如有意见或建议，请寄送水电水利规划设计总院（地址：北京市西城区六铺炕北小街2号，邮编：100120）。

  本导则主编单位：中国电建集团北京勘测设计研究院有限公司

  本导则主要起草人员：姜树德 肖 惕 万凤霞 欧阳明鉴
         武 媛

  本导则主要审查人员：于庆贵 王润玲 刘国阳 冯真秋
         康本贤 陈家恒 陈寅其 石凤翔
         王为福 杨宇虎 王耀辉 杨建军
         徐立佳 刘长武 李仕胜

NB/T 35043—2014

目 次

前言 ⋯⋯⋯⋯⋯⋯⋯⋯⋯⋯⋯⋯⋯⋯⋯⋯⋯⋯⋯⋯⋯⋯⋯⋯⋯⋯⋯⋯⋯⋯⋯⋯⋯⋯⋯⋯⋯⋯ Ⅲ
1 总则 ⋯⋯⋯⋯⋯⋯⋯⋯⋯⋯⋯⋯⋯⋯⋯⋯⋯⋯⋯⋯⋯⋯⋯⋯⋯⋯⋯⋯⋯⋯⋯⋯⋯⋯⋯⋯⋯ 1
2 术语和符号 ⋯⋯⋯⋯⋯⋯⋯⋯⋯⋯⋯⋯⋯⋯⋯⋯⋯⋯⋯⋯⋯⋯⋯⋯⋯⋯⋯⋯⋯⋯⋯⋯⋯ 2
　2.1 术语 ⋯⋯⋯⋯⋯⋯⋯⋯⋯⋯⋯⋯⋯⋯⋯⋯⋯⋯⋯⋯⋯⋯⋯⋯⋯⋯⋯⋯⋯⋯⋯⋯⋯⋯ 2
　2.2 符号 ⋯⋯⋯⋯⋯⋯⋯⋯⋯⋯⋯⋯⋯⋯⋯⋯⋯⋯⋯⋯⋯⋯⋯⋯⋯⋯⋯⋯⋯⋯⋯⋯⋯⋯ 3
3 短路电流计算的基本规定 ⋯⋯⋯⋯⋯⋯⋯⋯⋯⋯⋯⋯⋯⋯⋯⋯⋯⋯⋯⋯⋯⋯⋯⋯⋯⋯⋯ 5
　3.1 一般规定 ⋯⋯⋯⋯⋯⋯⋯⋯⋯⋯⋯⋯⋯⋯⋯⋯⋯⋯⋯⋯⋯⋯⋯⋯⋯⋯⋯⋯⋯⋯⋯ 5
　3.2 选择导体和电器时短路电流计算 ⋯⋯⋯⋯⋯⋯⋯⋯⋯⋯⋯⋯⋯⋯⋯⋯⋯⋯⋯⋯⋯ 6
　3.3 设计接地装置时短路电流计算 ⋯⋯⋯⋯⋯⋯⋯⋯⋯⋯⋯⋯⋯⋯⋯⋯⋯⋯⋯⋯⋯⋯ 6
　3.4 设计继电保护时短路电流计算 ⋯⋯⋯⋯⋯⋯⋯⋯⋯⋯⋯⋯⋯⋯⋯⋯⋯⋯⋯⋯⋯⋯ 7
4 短路点与短路时间的选定 ⋯⋯⋯⋯⋯⋯⋯⋯⋯⋯⋯⋯⋯⋯⋯⋯⋯⋯⋯⋯⋯⋯⋯⋯⋯⋯ 9
　4.1 短路点的选定 ⋯⋯⋯⋯⋯⋯⋯⋯⋯⋯⋯⋯⋯⋯⋯⋯⋯⋯⋯⋯⋯⋯⋯⋯⋯⋯⋯⋯⋯ 9
　4.2 短路时间的确定 ⋯⋯⋯⋯⋯⋯⋯⋯⋯⋯⋯⋯⋯⋯⋯⋯⋯⋯⋯⋯⋯⋯⋯⋯⋯⋯⋯⋯ 9
5 短路电流计算的暂态解析法 ⋯⋯⋯⋯⋯⋯⋯⋯⋯⋯⋯⋯⋯⋯⋯⋯⋯⋯⋯⋯⋯⋯⋯⋯⋯ 11
　5.1 暂态解析法 ⋯⋯⋯⋯⋯⋯⋯⋯⋯⋯⋯⋯⋯⋯⋯⋯⋯⋯⋯⋯⋯⋯⋯⋯⋯⋯⋯⋯⋯⋯ 11
　5.2 等效电路 ⋯⋯⋯⋯⋯⋯⋯⋯⋯⋯⋯⋯⋯⋯⋯⋯⋯⋯⋯⋯⋯⋯⋯⋯⋯⋯⋯⋯⋯⋯⋯ 11
6 短路电流计算的运算曲线法 ⋯⋯⋯⋯⋯⋯⋯⋯⋯⋯⋯⋯⋯⋯⋯⋯⋯⋯⋯⋯⋯⋯⋯⋯⋯ 13
　6.1 等效电路 ⋯⋯⋯⋯⋯⋯⋯⋯⋯⋯⋯⋯⋯⋯⋯⋯⋯⋯⋯⋯⋯⋯⋯⋯⋯⋯⋯⋯⋯⋯⋯ 13
　6.2 等效电路的化简 ⋯⋯⋯⋯⋯⋯⋯⋯⋯⋯⋯⋯⋯⋯⋯⋯⋯⋯⋯⋯⋯⋯⋯⋯⋯⋯⋯⋯ 13
　6.3 短路电流计算方法 ⋯⋯⋯⋯⋯⋯⋯⋯⋯⋯⋯⋯⋯⋯⋯⋯⋯⋯⋯⋯⋯⋯⋯⋯⋯⋯⋯ 13
　6.4 短路电流的热效应计算 ⋯⋯⋯⋯⋯⋯⋯⋯⋯⋯⋯⋯⋯⋯⋯⋯⋯⋯⋯⋯⋯⋯⋯⋯⋯ 31
　6.5 并联容性补偿装置对短路电流的影响 ⋯⋯⋯⋯⋯⋯⋯⋯⋯⋯⋯⋯⋯⋯⋯⋯⋯⋯⋯ 32
附录 A 发生最大短路电流的短路方式 ⋯⋯⋯⋯⋯⋯⋯⋯⋯⋯⋯⋯⋯⋯⋯⋯⋯⋯⋯⋯⋯ 35
附录 B 变压器两侧的短路电流标幺值 ⋯⋯⋯⋯⋯⋯⋯⋯⋯⋯⋯⋯⋯⋯⋯⋯⋯⋯⋯⋯⋯ 36

Ⅴ

附录 C 算例 …………………………………………… 38
附录 D 水电工程电气设备电抗和直流分量时间常数参考值…89
本导则用词说明 ……………………………………………… 91
附：条文说明 ………………………………………………… 93
参考文献 …………………………………………………… 107

NB / T 35043 — 2014

Contents

Foreword III
1 General provisions 1
2 Terms and symbols 2
  2.1 Terms 2
  2.2 Symbols 3
3 Basic regulations for short circuit current calculations 5
  3.1 General requirement 5
  3.2 Calculations for conductor and equipment sizing 6
  3.3 Calculations for earthing system design 6
  3.4 Calculations for relaying protection design 7
4 Short circuit locations and short circuit durations 9
  4.1 Short circuit locations 9
  4.2 Short circuit durations 9
5 Transient analytical method for short circuit current calculation 11
  5.1 Transient analytical method 11
  5.2 Equivalent circuit 11
6 Curve method for short circuit current calculation 13
  6.1 Equivalent circuit 13
  6.2 Reduction of equivalent circuit 13
  6.3 Short circuit current calculation method 13
  6.4 Thermal effect calculation of short circuit current 31
  6.5 Effects of shunt capacitive compensation device to short circuit current 32

Appendix A Short circuit types for maximum short-circuit current ···35
Appendix B Per unit fault currents on both sides of a transformer ··36
Appendix C Calculation example ···38
Appendix D Average values of reactance and DC time constant of electrical equipment in hydropower projects ······89
Explanation of wordings in this guide ··91
Addition: Explanation of provisions································93
References ···107

1 总　　则

1.0.1 为规范水电工程三相交流系统短路电流的计算，编制本导则。

1.0.2 本导则适用于水电工程标称电压6kV～750kV、频率50Hz的三相交流系统的短路电流计算。

1.0.3 本导则规定了三相交流系统短路电流计算的一般原则、步骤和方法。

1.0.4 水电工程三相交流系统短路电流计算，除应符合本导则规定外，尚应符合国家现行有关标准的规定。

2 术语和符号

2.1 术语

2.1.1 标幺值 per-unit value

电气量（如阻抗、导纳、电流、电压和容量等）的相对值，即其实际值与同单位基准值之比。

2.1.2 等效频率法 equivalent frequency method

计算网络的短路电流直流分量时间常数的一种近似方法。具体做法是：用等效频率（通常为20Hz）代替50Hz，构成等效的阻抗网络；对网络进行化简，求得电源至短路点的阻抗；根据此阻抗的电阻与电抗求得网络的直流分量时间常数。

2.1.3 电抗电阻分别化简法 separate X and R reduction

计算网络短路电流直流分量时间常数的一种近似方法。具体做法是：先忽略网络中所有元件的电阻，假定网络仅由电抗构成，对网络进行化简，求得电源至短路点的电抗；再忽略网络中所有元件的电抗，假定网络仅由电阻构成，对网络进行化简，求得电源至短路点的电阻；根据此电抗与电阻求得网络的直流分量时间常数。

2.1.4 计算电抗 calculation reactance

用运算曲线法计算时，经网络化简得到的电源至短路点的电抗，换算为以电源额定容量为基准的标幺值。

2.1.5 基准值 base value

为统一全系统相对值的基准而选定的符合电路基本关系、与实际值同单位的有名值。通常取基准容量为100MVA或1000MVA，系统的基准电压为其平均电压，发电机的基准电压为其额定电压。

2.1.6 时间为 t 时的短路电流 short-circuit current at time t
短路持续至 t 时的短路电流交流分量有效值。

2.2 符　　号

I_{kt} ——短路持续至 t 时的短路电流交流分量有效值；
$I_{(1)kt}$ ——短路持续至 t 时的短路电流交流分量有效值的正序分量；
k ——短路；
k1 ——单相接地短路；
k2 ——两相短路；
k2E ——两相接地短路；
k3 ——三相短路；
K_q ——同步电机励磁顶值电压倍数；
Q ——并联容性补偿装置容量；
R ——电阻有名值的一般符号；
r ——电阻标幺值的一般符号；
T_a ——同步电机电枢短路时间常数或电力系统短路电流直流分量时间常数；
T_d'' ——同步电机直轴超瞬态短路时间常数；
T_{do}'' ——同步电机直轴超瞬态开路时间常数；
T_d' ——同步电机直轴瞬态短路时间常数；
T_{do}' ——同步电机直轴瞬态开路时间常数；
t ——短路持续时间；
X ——电抗有名值的一般符号；
x ——电抗标幺值的一般符号；
$X_{(1)}$ ——正序电抗；
$X_{(2)}$ ——负序电抗；
$X_{(0)}$ ——零序电抗；
x_{cal} ——计算电抗；

x_Δ——计算不平衡短路时的附加电抗;
Z——阻抗有名值的一般符号;
z——阻抗标幺值的一般符号;
$Z_{(1)}$——正序阻抗;
$Z_{(2)}$——负序阻抗;
$Z_{(0)}$——零序阻抗。

3 短路电流计算的基本规定

3.1 一般规定

3.1.1 短路电流计算宜采用暂态解析法或运算曲线法。在需要精确计算时，优先采用暂态解析法。

3.1.2 计算短路电流时应按全部机组投产后 5 年～10 年的电力系统短路电流水平进行。

3.1.3 采用暂态解析法计算短路电流的基本假设条件如下：
　1　电力系统在正常工作时三相对称；
　2　电力系统的所有电机均为理想电机，不计其参数的非线性；
　3　电力系统中各元件的阻抗值不随电流大小的变化而变化，元件参数均取其额定值；
　4　短路发生在短路电流为最大值的瞬间；
　5　除计算接地短路电流外，不计变压器励磁阻抗的影响；
　6　不计短路点阻抗，即假定短路为金属性的。

3.1.4 采用运算曲线法计算短路电流时，除采用本导则第 3.1.3 条的全部假设条件外，还需补充以下假设条件：
　1　电力系统中所有电源的电动势相位均相同；
　2　电力系统中的所有电源都在额定工况下运行；
　3　除计算短路电流的直流分量衰减时间常数外，不计各元件的电阻；
　4　不计输电线路的电容。

3.1.5 采用运算曲线法计算短路电流直流分量衰减时间常数时，采用电抗电阻分别化简法。

3.1.6 采用运算曲线法计算短路电流时，系统基准电压的取值为 6.3、10.5、37、115、230、345、525、787kV，发电机基准电压的取值为发电机额定电压。

3.2 选择导体和电器时短路电流计算

3.2.1 校验导体和电器峰值耐受电流、短时耐受电流以及电器开断电流时，应采用系统最大运行方式下可能流经被校验导体和电器的最大短路电流。计算短路电流时，应采用可能发生最大短路电流的正常运行方式。发生最大短路电流的短路方式，应按本导则附录 A 确定。

3.2.2 校验导体和电器的短时耐受电流时，应计算短路电流交流分量和直流分量。采用运算曲线法计算发热时，应计算交流分量在时间为 0、$t/2$ 和 t 时的值。

3.2.3 校验断路器的开断能力时，应分别计算分闸瞬间的短路电流交流分量和直流分量。

3.2.4 校验断路器的关合能力时，应计算峰值短路电流。

3.2.5 校验高压熔断器的额定开断电流时，应计算最大短路电流交流分量。

3.3 设计接地装置时短路电流计算

3.3.1 设计中性点有效接地系统的接地装置时，宜先确定导致短路电流最大的接地短路方式，再计算流经接地装置的最大入地短路电流（考虑设备中性点、避雷线分流）。

3.3.2 中性点有效接地系统最大入地短路电流计算，应按下列步骤进行：

  1 计算最大接地短路电流，并计算流经发电厂接地中性点的最大短路电流；

  2 分别计算发电厂内、外两种情况发生接地短路时流经接地装置的入地短路电流，二者进行比较，取大者为最大入地短路电流。

3.4 设计继电保护时短路电流计算

3.4.1 利用短路电流原理的继电保护，在计算动作值时，应计算最大短路电流；在校验灵敏度时，应计算最小短路电流。设计继电保护时短路电流计算项目见表 3.4.1。

表 3.4.1 设计继电保护时短路电流计算的项目

被保护设备	保护类型	短路电流计算项目	
		计算动作值时	校验灵敏度时
发电机	过电流	—	后备保护区末端（升压变压器高压侧）单相接地短路时，短路电流最小值
	负序过电流	—	后备保护区末端（升压变压器高压侧）单相接地短路时，短路电流负序分量最小值
变压器	电流速断	二次侧三相短路时初始短路电流最大值	一次侧两相短路时，流过保护的最小短路电流
	过电流	—	后备保护区末端不平衡短路时，流过保护的最小短路电流
	负序过电流	—	后备保护区末端不平衡短路时，流过保护的最小负序电流
	零序电流	—	后备保护区末端接地短路时，流过保护的最小零序电流
	零序差动	保护范围外接地短路时流经变压器的短路电流零序分量最大值	内部接地短路时，流经变压器的短路电流零序分量最小值
母线	完全差动	保护范围外三相短路时初始短路电流最大值	母线两相短路时短路电流最小值
电动机	电流速断	—	机端两相短路时短路电流最小值
并联电容器和无功补偿装置	延时电流速断	—	端部两相短路时短路电流最小值

续表 3.4.1

被保护设备	保护类型		短路电流计算项目	
			计算动作值时	校验灵敏度时
并联电抗器	电流速断		—	端部两相短路时短路电流最小值
线路	阶段式零序电流保护	Ⅰ段	本线路末端故障时，零序电流最大值	—
		Ⅱ段	相邻线路末端故障时，流经本线路的零序电流最大值	—
		Ⅲ段	本线路末端故障时，零序电流最小值（按灵敏系数反算动作电流）	—
		Ⅳ段	本线路经高电阻接地故障时，零序电流最小值（按灵敏系数反算动作电流）	—

3.4.2 当短路发生在变压器二次侧，而保护装置安装在一次侧时，应根据本导则附录 B 确定导致一次侧出现最大短路电流和最小短路电流时二次侧的短路方式。

4 短路点与短路时间的选定

4.1 短路点的选定

4.1.1 校验导体和电器的峰值耐受电流和短时耐受电流时，应选取被校验导体或电器通过最大短路电流的短路点，并遵守下列规定：

1 对不带限流电抗器的回路，短路点应选在正常接线方式时短路电流为最大的地点；

2 对带限流电抗器的出线和厂用分支回路，校验母线与母线隔离开关之间隔板前的引线和套管时，短路点应选在电抗器前；校验其他导体和电器时，短路点宜选在电抗器之后。

4.1.2 校验电缆短时耐受电流时，短路点应选在通过电缆回路最大短路电流可能发生处。

4.1.3 校验断路器和高压熔断器的开断能力时，应选取使被校验断路器和熔断器通过最大短路电流的短路点。

4.1.4 设计继电保护时短路点应按本导则表 3.4.1 选取。

4.2 短路时间的确定

4.2.1 在校核断路器开断能力时，短路开断电流计算时间应采用主保护动作时间加断路器固有分闸时间。

4.2.2 确定短路电流热效应计算时间时，应遵守下列规定：

1 对导体（不包括电缆），宜采用主保护动作时间加相应断路器开断时间。主保护有死区时，宜采用能对该死区起作用的后备保护动作时间，并采用相应处的短路电流值。

2 对接到电动机的馈线电缆，宜采用主保护动作时间加相应断路器开断时间；对其他电缆，宜采用后备保护动作时间加相应断路器开断时间。

3 对发电机断路器为2s；对其他断路器，额定电压在110kV及以下为4s，在220kV及以上为2s；对其他电气设备，宜采用后备保护动作时间加相应断路器的开断时间。

4.2.3 继电保护整定计算时，应根据不同的保护类别和要求计算初始短路电流或延时后的短路电流。

5 短路电流计算的暂态解析法

5.1 暂态解析法

5.1.1 暂态解析法应以同步电机基本方程式为基础，求解接有多台发电机、异步电动机以及等效系统的网络发生短路故障时的电磁过渡过程。

5.1.2 为了求得不同运行方式下的短路电流，宜进行潮流计算，得到各个电源在故障前的端电压（幅值与相角）和输出的有功功率与无功功率，以此为依据求取各电源的电动势（幅值与相角）及其变化规律，得到任意时间的短路电流值。计算各电源的电动势时应采用不饱和电抗值，计算短路电流时应采用饱和电抗值。

5.1.3 计算复杂网络直流分量衰减时间常数时，宜采用等效频率法。

5.1.4 计算短路电流的热效应宜采用数值积分法。

5.2 等效电路

5.2.1 等效电路应根据系统的正常运行接线绘制。必要时，应分别绘制可能出现最大或最小短路电流的等效电路。

5.2.2 计算三相短路电流应做出正序网络的等效电路，计算不平衡短路电流（包括单相接地短路、两相短路、两相接地短路）时还应做出负序网络和零序网络的等效电路。

5.2.3 等效电路中的节点应分为以下几种：

 1 电源节点（包括等效系统、发电机和同步电动机以及6kV和10kV的异步电动机）；

 2 负荷节点；

  3　并联补偿节点。
5.2.4　等效电路中的支路应分为以下两种：
  1　线路（包括输电线路、电缆和串联电抗器）；
  2　变压器。
5.2.5　详细计算见本导则附录 C。

6 短路电流计算的运算曲线法

6.1 等效电路

6.1.1 等效电路应根据系统的正常运行接线绘制。必要时,应分别绘制可能出现最大或最小短路电流的等效电路。

6.1.2 计算三相短路电流应做出正序网络的等效电路,计算不平衡短路电流(包括单相接地短路、两相短路、两相接地短路)时还应做出负序网络和零序网络的等效电路。

6.1.3 等效电路中各元件应以同一基准容量的电抗的标幺值表示。各元件的电抗应采用制造厂提供的数值或者实测数值。缺乏上述数值时,可采用本导则附录 D 中的电抗。

6.1.4 等效系统、发电机、同步电动机应作为电源处理,用电动势串接电抗表示。

6.1.5 电压为 6kV 和 10kV 的异步电动机在本电压等级的反馈电流应当计入。

6.2 等效电路的化简

6.2.1 等效电路应按网络变换规则进行化简,最终化简为从各等效电源至短路点的电抗。

6.2.2 对于不同的短路点,应分别进行等效电路的化简。

6.2.3 当网络中各电源的类型、参数相同且距短路点的电气距离大致相等时,可将各电源所串接电抗合并为一个总的计算电抗。

6.3 短路电流计算方法

6.3.1 三相短路电流计算宜按下列步骤进行:

1 将化简后的正序网络等效电路中各有限电源（发电机和同步电动机）至短路点的电抗分别归算为以各电源容量为基准的计算电抗；

2 如果以电源额定容量为基准的计算电抗标幺值小于2，则由运算曲线分别查得0、0.06、0.1、1、2、4s各时刻的短路电流标幺值，并换算为有名值；

3 如果以电源额定容量为基准的计算电抗标幺值大于等于2，或者电源为无穷大系统，则不计衰减，用计算电抗的标幺值的倒数乘以系数1.1，求得短路电流标幺值，并换算为有名值；

4 计算6kV和10kV回路的三相短路电流时，需计及本电压等级异步电动机的反馈电流；

5 n 台电动机三相反馈电流交流分量初始值按式（6.3.1-1）计算：

$$I''_{kM} = \sum_{i=1}^{n} K_{Mi} I_{rMi} \times 10^{-3} \qquad (6.3.1\text{-}1)$$

式中：I''_{kM} ——电动机反馈电流交流分量初始值之和（kA）；

K_{Mi} ——第 i 台电动机的反馈电流倍数，取其启动电流倍数值；

I_{rMi} ——第 i 台电动机的额定电流（A）。

n 台电动机的时间为 t 时的三相反馈电流交流分量按式（6.3.1-2）和式（6.3.1-3）计算：

$$K_{Mit} = e^{-\frac{t}{T_{Mi}}} \qquad (6.3.1\text{-}2)$$

式中：K_{Mit} ——第 i 台电动机反馈电流交流分量衰减系数；

T_{Mi} ——第 i 台电动机反馈电流交流分量衰减时间常数，可以从图6.3.1-1和图6.3.1-2查得。

$$I_{kMt} = \sum_{i=1}^{n} K_{Mit} K_{Mi} I_{rMi} \times 10^{-3} \qquad (6.3.1\text{-}3)$$

式中：I_{kMt} ——时间为 t 时的电动机反馈电流的交流分量之和（kA）；

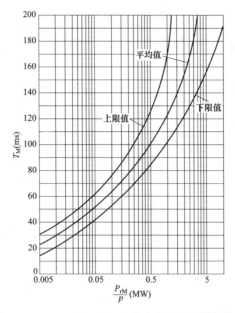

图 6.3.1-1 6kV 和 10kV 异步电动机的时间常数与每对极容量 P_{rM}/p 之间的关系

6 除了计算总短路电流外，根据需要，还需计算有关支路的短路电流。

6.3.2 不平衡短路电流交流分量的计算应按下列步骤进行：

1 按本导则第 6.1 节和第 6.2 节做出正序网络等效电路并针对不同短路点分别化简。

2 做出负序网络等效电路，并针对不同短路点分别化简。

3 做出零序网络等效电路，并针对不同短路点分别化简。

4 按式（6.3.2-1）求出各电源点至短路点的正序短路电流计算电抗：

$$x_{cal}=x_{(1)}+x_{\Delta} \quad (6.3.2\text{-}1)$$

式中：x_{Δ}——附加电抗，与短路类型有关，按式（6.3.2-2）～式（6.3.2-5）求得。

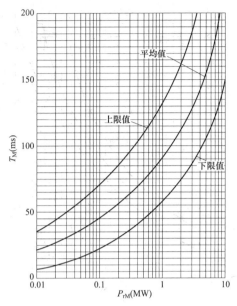

图 6.3.1-2　6kV 和 10kV 异步电动机的时间常数与容量 P_{rM} 之间的关系

三相短路：

$$x_\Delta = 0 \quad (6.3.2\text{-}2)$$

两相短路：

$$x_\Delta = x_{(2)} \quad (6.3.2\text{-}3)$$

两相接地短路：

$$x_\Delta = x_{(2)}x_{(0)}/(x_{(2)}+x_{(0)}) \quad (6.3.2\text{-}4)$$

单相接地短路：

$$x_\Delta = x_{(2)}+x_{(0)} \quad (6.3.2\text{-}5)$$

1) 按照本导则第 6.3.1 条所示的方法由计算电抗 x_{cal} 从运算曲线查得短路持续至 t 时的短路电流交流分量有效值的正序分量 $I_{(1)kt}$；在计算电抗大于等于 2 或电源为无穷大系统时，如果计算三相短路或单相接地短路，用计算电抗的标幺值的倒数乘以系数 1.1，求得短路电流的正序分量 $I_{(1)k}$；如果计算两相短路和两相接地短路，上述系数取为 1.0。

2）按式（6.3.2-6）求得短路点的不平衡短路电流交流分量

$$I_{kt}=mI_{(1)kt} \quad (6.3.2\text{-}6)$$

式中：I_{kt}——短路持续至 t 时的短路电流交流分量有效值（kA）；

m——短路电流交流分量有效值与它的正序分量的比值，按式（6.3.2-7）～式（6.3.2-10）求得。

三相短路：
$$m=1 \quad (6.3.2\text{-}7)$$

两相短路：
$$m=\sqrt{3} \quad (6.3.2\text{-}8)$$

两相接地短路：
$$m=\sqrt{3}\sqrt{1-\frac{x_{(2)}x_{(0)}}{(x_{(2)}+x_{(0)})^2}} \quad (6.3.2\text{-}9)$$

单相接地短路：
$$m=3 \quad (6.3.2\text{-}10)$$

5 对于不平衡短路，如果短路电抗由多个电源提供，则各序网络应分别列出，然后用叠加原理求得总短路电流及各电源提供的短路电流。

6.3.3 短路电流直流分量的计算方法如下：采用电抗电阻分别化简法化简网络，求得网络的直流分量时间常数 T_a。化简网络时，各元件的电阻应采用制造厂提供的数值或者实测数值。缺乏上述数值时，可采用附录 D 中的各元件的 T_a 推算出各元件的电阻。求得网络的直流分量时间常数后，按式（6.3.3-1）和式（6.3.3-2）计算短路电流直流分量。

$$i_{DC0}=-\sqrt{2}I_k'' \quad (6.3.3\text{-}1)$$

$$i_{DCt}=-\sqrt{2}I_k''e^{-\frac{t}{T_a}} \quad (6.3.3\text{-}2)$$

式中：i_{DC0}——短路电流直流分量初始值；

i_{DCt}——短路电流直流分量时间为 t 时的值。

6.3.4 峰值短路电流的计算应按下列步骤进行：

1 求网络的直流分量时间常数 T_a 的方法同本导则第 6.3.3 条。按式（6.3.4-1）计算峰值短路电流：

$$i_p = \sqrt{2} K_p I_k'' \quad (6.3.4\text{-}1)$$

式中：i_p——峰值短路电流；

K_p——峰值电流系数，可按式 6.3.4-2 算得，也可从图 6.3.4-1 或图 6.3.4-2 查得。

$$K_p = 1 + e^{\left(-\frac{0.01}{T_a}\right)} \quad (6.3.4\text{-}2)$$

2 计算 6kV 及以上的异步电动机的反馈峰值电流。

n 台电动机反馈峰值电流按式（6.3.4-3）计算：

$$i_{pM} = 1.1\sqrt{2} \sum_{i=1}^{n} K_{pMi} K_{Mi} I_{rMi} \times 10^{-3} \quad (6.3.4\text{-}3)$$

式中：i_{pM}——n 台电动机反馈峰值电流之和；

K_{pMi}——第 i 台电动机的反馈峰值电流系数，见表 6.3.4。

表 6.3.4 不同短路点的峰值电流系数

短 路 点		K_p
发电机端	系统侧提供短路电流	1.95
	电厂侧提供短路电流	1.97
发电厂高压侧母线	系统侧提供短路电流	1.88（500kV） 1.85（110kV～330kV）
	电厂侧提供短路电流	1.96
远离发电厂的地点	由线路和电缆馈电	1.80
	由变压器馈电	1.92
6kV 及以上的异步电动机提供短路电流		1.68

6.3.5 当变压器的二次侧发生短路故障时，一次侧会因电磁感应出现故障电流，两侧电流标幺值的数值见本导则附录 B。

6.3.6 自并励的水轮发电机的短路电流应采用图 6.3.6-1～图 6.3.6-4

和表 6.3.6-1～表 6.3.6-4 中推荐的运算曲线和参数表进行计算。

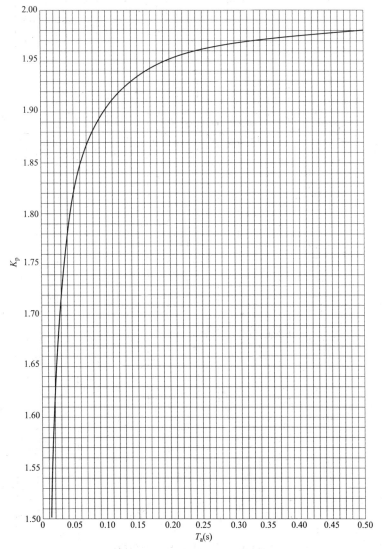

图 6.3.4-1　峰值短路电流系数曲线

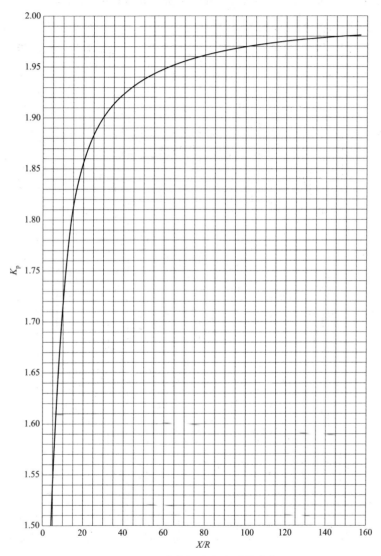

图 6.3.4-2 峰值短路电流系数曲线

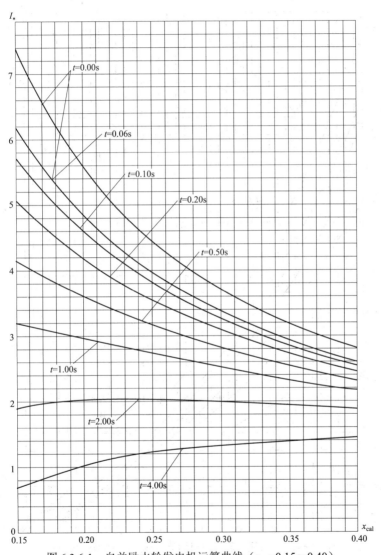

图 6.3.6-1 自并励水轮发电机运算曲线（$x_{cal}=0.15 \sim 0.40$）

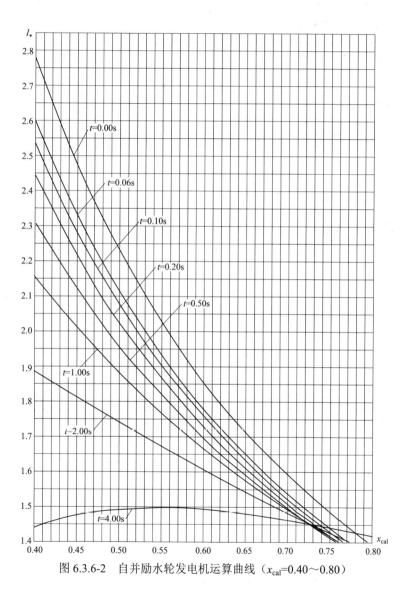

图 6.3.6-2 自并励水轮发电机运算曲线 (x_{cal}=0.40～0.80)

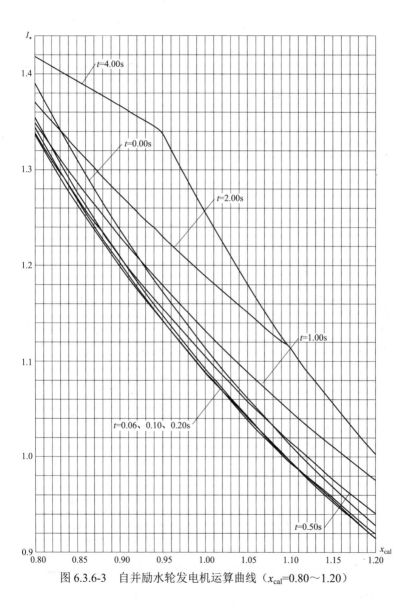

图 6.3.6-3 自并励水轮发电机运算曲线（$x_{cal}=0.80\sim1.20$）

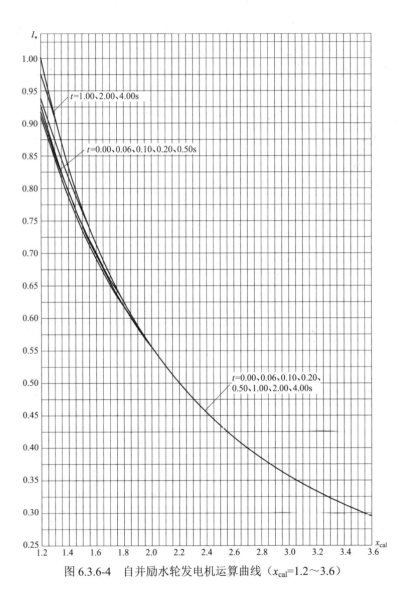

图 6.3.6-4 自并励水轮发电机运算曲线（x_{cal}=1.2～3.6）

表 6.3.6-1 自并励水轮发电机运算曲线参数表（x_{cal}=0.15～0.40）

x_{cal}\t	0.00	0.01	0.06	0.10	0.20	0.40	0.50	0.60	1.00	2.00	4.00
0.15	7.403	7.110	6.183	5.732	5.056	4.382	4.144	3.929	3.191	1.900	0.674
0.16	6.942	6.683	5.859	5.458	4.852	4.240	4.023	3.826	3.147	1.934	0.731
0.17	6.535	6.304	5.568	5.209	4.663	4.106	3.907	3.727	3.101	1.962	0.786
0.18	6.173	5.966	5.304	4.982	4.488	3.979	3.797	3.632	3.054	1.985	0.838
0.19	5.849	5.663	5.064	4.773	4.325	3.860	3.693	3.540	3.007	2.003	0.888
0.20	5.557	5.389	4.845	4.581	4.174	3.747	3.593	3.453	2.959	2.016	0.936
0.21	5.293	5.140	4.645	4.404	4.032	3.640	3.498	3.369	2.912	2.026	0.981
0.22	5.053	4.913	4.460	4.240	3.900	3.539	3.408	3.289	2.865	2.033	1.024
0.23	4.834	4.706	4.289	4.088	3.776	3.443	3.322	3.212	2.818	2.036	1.063
0.24	4.633	4.515	4.131	3.946	3.659	3.352	3.240	3.138	2.772	2.038	1.101
0.25	4.448	4.339	3.985	3.814	3.549	3.265	3.162	3.067	2.727	2.037	1.136
0.26	4.278	4.176	3.848	3.690	3.446	3.183	3.087	2.999	2.683	2.034	1.169
0.27	4.119	4.026	3.721	3.574	3.348	3.105	3.016	2.934	2.639	2.029	1.199
0.28	3.973	3.885	3.602	3.466	3.256	3.030	2.947	2.871	2.597	2.023	1.228
0.29	3.836	3.754	3.490	3.363	3.169	2.959	2.882	2.811	2.555	2.016	1.254
0.30	3.708	3.632	3.385	3.267	3.086	2.891	2.819	2.753	2.514	2.007	1.279
0.31	3.589	3.518	3.286	3.176	3.008	2.826	2.759	2.698	2.474	1.997	1.302
0.32	3.477	3.410	3.193	3.090	2.933	2.763	2.701	2.644	2.436	1.987	1.323
0.33	3.372	3.309	3.104	3.008	2.862	2.704	2.646	2.593	2.398	1.976	1.342
0.34	3.273	3.214	3.021	2.931	2.794	2.647	2.593	2.543	2.361	1.964	1.360
0.35	3.179	3.124	2.942	2.857	2.729	2.592	2.541	2.495	2.325	1.952	1.376
0.36	3.091	3.038	2.867	2.787	2.668	2.539	2.492	2.449	2.290	1.939	1.391
0.37	3.008	2.958	2.796	2.721	2.609	2.489	2.445	2.404	2.256	1.926	1.405
0.38	2.929	2.881	2.728	2.657	2.552	2.440	2.399	2.361	2.222	1.913	1.417
0.39	2.854	2.809	2.664	2.597	2.498	2.393	2.355	2.320	2.190	1.899	1.428
0.40	2.783	2.740	2.602	2.539	2.446	2.348	2.312	2.279	2.158	1.885	1.438

表 6.3.6-2 自并励水轮发电机运算曲线参数表（x_{cal}=0.40～0.80）

x_{cal}\t	0.00	0.01	0.06	0.10	0.20	0.40	0.50	0.60	1.00	2.00	4.00
0.40	2.783	2.740	2.602	2.539	2.446	2.348	2.312	2.279	2.158	1.885	1.438
0.41	2.715	2.674	2.544	2.484	2.397	2.305	2.271	2.241	2.127	1.871	1.448
0.42	2.650	2.612	2.487	2.431	2.349	2.263	2.232	2.203	2.097	1.857	1.456
0.43	2.589	2.552	2.434	2.380	2.303	2.222	2.193	2.167	2.068	1.843	1.463
0.44	2.530	2.495	2.382	2.332	2.259	2.183	2.156	2.131	2.039	1.828	1.470
0.45	2.474	2.440	2.333	2.285	2.216	2.146	2.121	2.097	2.011	1.814	1.475
0.46	2.420	2.388	2.286	2.240	2.175	2.109	2.086	2.064	1.984	1.799	1.480
0.47	2.369	2.338	2.240	2.197	2.136	2.074	2.052	2.032	1.958	1.785	1.484
0.48	2.319	2.290	2.197	2.155	2.098	2.040	2.020	2.001	1.932	1.771	1.488
0.49	2.272	2.244	2.155	2.115	2.061	2.007	1.988	1.971	1.906	1.756	1.491
0.50	2.227	2.200	2.114	2.077	2.026	1.975	1.958	1.942	1.882	1.742	1.493
0.51	2.183	2.157	2.075	2.040	1.991	1.944	1.928	1.913	1.858	1.728	1.495
0.52	2.141	2.116	2.038	2.004	1.958	1.914	1.899	1.885	1.834	1.714	1.496
0.53	2.101	2.077	2.002	1.969	1.926	1.885	1.871	1.859	1.811	1.700	1.497
0.54	2.062	2.039	1.967	1.936	1.895	1.857	1.844	1.832	1.789	1.686	1.498
0.55	2.025	2.003	1.933	1.904	1.865	1.830	1.818	1.807	1.767	1.672	1.498
0.56	1.988	1.967	1.901	1.873	1.836	1.803	1.792	1.782	1.745	1.658	1.497
0.57	1.954	1.933	1.869	1.842	1.808	1.777	1.767	1.758	1.725	1.645	1.496
0.58	1.920	1.900	1.839	1.813	1.781	1.752	1.743	1.735	1.704	1.631	1.495
0.59	1.887	1.868	1.809	1.785	1.754	1.728	1.719	1.712	1.684	1.618	1.494
0.60	1.856	1.838	1.781	1.757	1.728	1.704	1.696	1.690	1.665	1.605	1.492
0.61	1.826	1.808	1.753	1.731	1.703	1.681	1.674	1.668	1.645	1.592	1.490
0.62	1.796	1.779	1.726	1.705	1.679	1.659	1.652	1.647	1.627	1.579	1.488
0.63	1.768	1.751	1.700	1.680	1.656	1.637	1.631	1.626	1.608	1.566	1.485
0.64	1.740	1.724	1.675	1.655	1.633	1.615	1.610	1.606	1.591	1.554	1.482
0.65	1.713	1.698	1.651	1.632	1.610	1.595	1.590	1.586	1.573	1.541	1.480

续表 6.3.6-2

x_{cal}\t	0.00	0.01	0.06	0.10	0.20	0.40	0.50	0.60	1.00	2.00	4.00
0.66	1.687	1.673	1.627	1.609	1.589	1.574	1.570	1.567	1.556	1.529	1.476
0.67	1.662	1.648	1.604	1.586	1.567	1.555	1.551	1.548	1.539	1.517	1.473
0.68	1.638	1.624	1.581	1.565	1.547	1.535	1.532	1.530	1.523	1.505	1.470
0.69	1.614	1.601	1.559	1.544	1.527	1.517	1.514	1.512	1.507	1.493	1.466
0.70	1.591	1.578	1.538	1.523	1.507	1.498	1.496	1.495	1.491	1.481	1.462
0.71	1.569	1.556	1.517	1.503	1.488	1.480	1.479	1.478	1.475	1.469	1.458
0.72	1.547	1.535	1.497	1.484	1.470	1.463	1.462	1.461	1.460	1.458	1.454
0.73	1.526	1.514	1.478	1.465	1.451	1.446	1.445	1.445	1.445	1.447	1.450
0.74	1.505	1.494	1.459	1.446	1.434	1.429	1.429	1.429	1.431	1.436	1.445
0.75	1.485	1.474	1.440	1.428	1.417	1.413	1.413	1.413	1.416	1.425	1.441
0.76	1.466	1.455	1.422	1.410	1.400	1.397	1.397	1.398	1.402	1.414	1.436
0.77	1.447	1.436	1.404	1.393	1.383	1.381	1.382	1.383	1.389	1.403	1.432
0.78	1.428	1.418	1.387	1.376	1.367	1.366	1.367	1.369	1.375	1.392	1.427
0.79	1.410	1.400	1.370	1.360	1.352	1.351	1.352	1.354	1.362	1.382	1.422
0.80	1.392	1.383	1.354	1.344	1.336	1.336	1.338	1.340	1.349	1.371	1.418

表 6.3.6-3 自并励水轮发电机运算曲线参数表（x_{cal}=0.80～1.20）

x_{cal}\t	0.00	0.01	0.06	0.10	0.20	0.40	0.50	0.60	1.00	2.00	4.00
0.80	1.392	1.383	1.354	1.344	1.336	1.336	1.338	1.340	1.349	1.371	1.418
0.81	1.375	1.366	1.338	1.328	1.321	1.322	1.324	1.326	1.336	1.361	1.413
0.82	1.358	1.349	1.322	1.313	1.307	1.308	1.310	1.313	1.324	1.351	1.408
0.83	1.342	1.333	1.307	1.298	1.292	1.295	1.297	1.300	1.311	1.341	1.403
0.84	1.326	1.317	1.292	1.284	1.278	1.281	1.284	1.287	1.299	1.331	1.398
0.85	1.311	1.302	1.277	1.269	1.264	1.268	1.271	1.274	1.287	1.322	1.393
0.86	1.295	1.287	1.263	1.255	1.251	1.255	1.258	1.262	1.276	1.312	1.388
0.87	1.280	1.272	1.249	1.242	1.238	1.243	1.246	1.250	1.264	1.303	1.382

续表 6.3.6-3

x_{cal} \ t	0.00	0.01	0.06	0.10	0.20	0.40	0.50	0.60	1.00	2.00	4.00
0.88	1.266	1.258	1.235	1.228	1.225	1.230	1.234	1.238	1.253	1.293	1.377
0.89	1.252	1.244	1.222	1.215	1.212	1.218	1.222	1.226	1.242	1.284	1.372
0.90	1.238	1.230	1.209	1.203	1.200	1.206	1.210	1.214	1.231	1.275	1.367
0.91	1.224	1.217	1.196	1.190	1.188	1.195	1.199	1.203	1.221	1.266	1.362
0.92	1.211	1.204	1.184	1.178	1.176	1.183	1.187	1.192	1.210	1.257	1.356
0.93	1.198	1.191	1.171	1.166	1.164	1.172	1.176	1.181	1.200	1.248	1.351
0.94	1.185	1.178	1.159	1.154	1.153	1.161	1.166	1.170	1.190	1.240	1.346
0.95	1.173	1.166	1.148	1.143	1.142	1.150	1.155	1.160	1.180	1.231	1.339
0.96	1.160	1.154	1.136	1.131	1.131	1.140	1.144	1.149	1.170	1.223	1.321
0.97	1.149	1.142	1.125	1.120	1.120	1.129	1.134	1.139	1.160	1.214	1.304
0.98	1.137	1.131	1.114	1.109	1.110	1.119	1.124	1.129	1.151	1.206	1.287
0.99	1.125	1.119	1.103	1.099	1.099	1.109	1.114	1.120	1.141	1.198	1.271
1.00	1.114	1.108	1.092	1.088	1.089	1.099	1.104	1.110	1.132	1.190	1.255
1.01	1.103	1.097	1.082	1.078	1.079	1.089	1.095	1.100	1.123	1.182	1.239
1.02	1.092	1.087	1.071	1.068	1.069	1.080	1.085	1.091	1.114	1.174	1.224
1.03	1.082	1.076	1.061	1.058	1.060	1.070	1.076	1.082	1.105	1.166	1.209
1.04	1.071	1.066	1.052	1.048	1.050	1.061	1.067	1.073	1.097	1.159	1.195
1.05	1.061	1.056	1.042	1.039	1.041	1.052	1.058	1.064	1.088	1.151	1.181
1.06	1.051	1.046	1.032	1.029	1.032	1.043	1.049	1.055	1.080	1.144	1.167
1.07	1.041	1.036	1.023	1.020	1.023	1.035	1.041	1.047	1.072	1.136	1.153
1.08	1.032	1.027	1.014	1.011	1.014	1.026	1.032	1.038	1.064	1.129	1.140
1.09	1.022	1.017	1.005	1.002	1.005	1.018	1.024	1.030	1.056	1.122	1.127
1.10	1.013	1.008	0.996	0.994	0.997	1.009	1.016	1.022	1.048	1.115	1.115
1.11	1.004	0.999	0.987	0.985	0.988	1.001	1.008	1.014	1.040	1.102	1.102
1.12	0.995	0.990	0.979	0.977	0.980	0.993	1.000	1.006	1.032	1.090	1.090
1.13	0.986	0.982	0.970	0.968	0.972	0.985	0.992	0.998	1.025	1.079	1.079

续表 6.3.6-3

x_{cal} \ t	0.00	0.01	0.06	0.10	0.20	0.40	0.50	0.60	1.00	2.00	4.00
1.14	0.977	0.973	0.962	0.960	0.964	0.977	0.984	0.991	1.017	1.067	1.067
1.15	0.969	0.965	0.954	0.952	0.956	0.970	0.976	0.983	1.010	1.056	1.056
1.16	0.961	0.956	0.946	0.944	0.949	0.962	0.969	0.976	1.003	1.045	1.045
1.17	0.952	0.948	0.938	0.937	0.941	0.955	0.962	0.968	0.996	1.034	1.034
1.18	0.944	0.940	0.930	0.929	0.934	0.947	0.954	0.961	0.989	1.023	1.023
1.19	0.936	0.932	0.923	0.922	0.926	0.940	0.947	0.954	0.982	1.013	1.013
1.20	0.929	0.925	0.915	0.914	0.919	0.933	0.940	0.947	0.975	1.003	1.003

表 6.3.6-4 自并励水轮发电机运算曲线参数表 (x_{cal}=1.20~2.00)

x_{cal} \ t	0.00	0.01	0.06	0.10	0.20	0.40	0.50	0.60	1.00	2.00	4.00
1.20	0.929	0.925	0.915	0.914	0.919	0.933	0.940	0.947	0.975	1.003	1.003
1.21	0.921	0.917	0.908	0.907	0.912	0.926	0.933	0.940	0.968	0.993	0.993
1.22	0.913	0.910	0.901	0.900	0.905	0.919	0.926	0.933	0.961	0.983	0.983
1.23	0.906	0.902	0.894	0.893	0.898	0.912	0.920	0.927	0.955	0.974	0.974
1.24	0.899	0.895	0.887	0.886	0.891	0.906	0.913	0.920	0.948	0.964	0.964
1.25	0.891	0.888	0.880	0.879	0.885	0.899	0.906	0.913	0.942	0.955	0.955
1.26	0.884	0.881	0.873	0.872	0.878	0.893	0.900	0.907	0.936	0.946	0.946
1.27	0.877	0.874	0.866	0.866	0.871	0.886	0.894	0.901	0.930	0.937	0.937
1.28	0.871	0.867	0.860	0.859	0.865	0.880	0.887	0.894	0.923	0.928	0.928
1.29	0.864	0.861	0.853	0.853	0.859	0.874	0.881	0.888	0.917	0.920	0.920
1.30	0.857	0.854	0.847	0.847	0.853	0.868	0.875	0.882	0.911	0.912	0.912
1.31	0.851	0.847	0.840	0.840	0.846	0.862	0.869	0.876	0.903	0.903	0.903
1.32	0.844	0.841	0.834	0.834	0.840	0.856	0.863	0.870	0.895	0.895	0.895
1.33	0.838	0.835	0.828	0.828	0.834	0.850	0.857	0.864	0.887	0.887	0.887
1.34	0.832	0.829	0.822	0.822	0.829	0.844	0.851	0.859	0.879	0.879	0.879
1.35	0.825	0.823	0.816	0.816	0.823	0.838	0.846	0.853	0.872	0.872	0.872

续表 6.3.6-4

t / x_{cal}	0.00	0.01	0.06	0.10	0.20	0.40	0.50	0.60	1.00	2.00	4.00
1.36	0.819	0.817	0.810	0.811	0.817	0.833	0.840	0.847	0.864	0.864	0.864
1.37	0.813	0.811	0.805	0.805	0.811	0.827	0.834	0.842	0.857	0.857	0.857
1.38	0.807	0.805	0.799	0.799	0.806	0.821	0.829	0.836	0.850	0.850	0.850
1.39	0.802	0.799	0.793	0.794	0.800	0.816	0.824	0.831	0.842	0.842	0.842
1.40	0.796	0.793	0.788	0.788	0.795	0.811	0.818	0.826	0.835	0.835	0.835
1.41	0.790	0.788	0.782	0.783	0.790	0.805	0.813	0.820	0.828	0.828	0.828
1.42	0.785	0.782	0.777	0.778	0.784	0.800	0.808	0.815	0.822	0.822	0.822
1.43	0.779	0.777	0.772	0.772	0.779	0.795	0.803	0.810	0.815	0.815	0.815
1.44	0.774	0.771	0.766	0.767	0.774	0.790	0.798	0.805	0.808	0.808	0.808
1.45	0.768	0.766	0.761	0.762	0.769	0.785	0.793	0.800	0.802	0.802	0.802
1.46	0.763	0.761	0.756	0.757	0.764	0.780	0.788	0.795	0.796	0.796	0.796
1.47	0.758	0.756	0.751	0.752	0.759	0.775	0.783	0.789	0.789	0.789	0.789
1.48	0.753	0.751	0.746	0.747	0.754	0.770	0.778	0.783	0.783	0.783	0.783
1.49	0.748	0.746	0.741	0.742	0.749	0.765	0.773	0.777	0.777	0.777	0.777
1.50	0.743	0.741	0.736	0.737	0.745	0.761	0.768	0.771	0.771	0.771	0.771
1.51	0.738	0.736	0.732	0.733	0.740	0.756	0.764	0.765	0.765	0.765	0.765
1.52	0.733	0.731	0.727	0.728	0.735	0.752	0.759	0.759	0.759	0.759	0.759
1.53	0.728	0.726	0.722	0.723	0.731	0.747	0.754	0.754	0.754	0.754	0.754
1.54	0.724	0.722	0.718	0.719	0.726	0.742	0.748	0.748	0.748	0.748	0.748
1.55	0.719	0.717	0.713	0.714	0.722	0.738	0.742	0.742	0.742	0.742	0.742
1.56	0.714	0.712	0.709	0.710	0.717	0.734	0.737	0.737	0.737	0.737	0.737
1.57	0.710	0.708	0.704	0.706	0.713	0.729	0.732	0.732	0.732	0.732	0.732
1.58	0.705	0.703	0.700	0.701	0.709	0.725	0.726	0.726	0.726	0.726	0.726
1.59	0.701	0.699	0.696	0.697	0.705	0.721	0.721	0.721	0.721	0.721	0.721
1.60	0.696	0.695	0.691	0.693	0.700	0.716	0.716	0.716	0.716	0.716	0.716
1.65	0.675	0.674	0.671	0.672	0.680	0.691	0.691	0.691	0.691	0.691	0.691

续表 6.3.6-4

x_{cal} \ t	0.00	0.01	0.06	0.10	0.20	0.40	0.50	0.60	1.00	2.00	4.00
1.70	0.656	0.654	0.652	0.653	0.661	0.668	0.668	0.668	0.668	0.668	0.668
1.75	0.637	0.635	0.633	0.635	0.643	0.646	0.646	0.646	0.646	0.646	0.646
1.80	0.619	0.618	0.616	0.618	0.626	0.626	0.626	0.626	0.626	0.626	0.626
1.85	0.602	0.601	0.600	0.602	0.607	0.607	0.607	0.607	0.607	0.607	0.607
1.90	0.587	0.585	0.584	0.586	0.589	0.589	0.589	0.589	0.589	0.589	0.589
1.95	0.572	0.570	0.570	0.572	0.572	0.572	0.572	0.572	0.572	0.572	0.572
2.00	0.556	0.556	0.556	0.556	0.556	0.556	0.556	0.556	0.556	0.556	0.556

6.4 短路电流的热效应计算

6.4.1 短路电流交流分量的热效应按式（6.4.1）计算：

$$Q_{kACt} = \frac{(I_k'')^2 + 10 I_{k\frac{t}{2}}^2 + I_{kt}^2}{12} \times t \qquad (6.4.1)$$

式中：t——短路持续时间（s）；

I_k''、$I_{k\frac{t}{2}}$、I_{kt}——时间为 0、$t/2$、t 时流经导体或电器的短路电流交流分量。

6.4.2 短路电流直流分量的热效应按式（6.4.2-1）和式（6.4.2-2）计算：

$$Q_{kDCt} = T_a(1 - e^{-\frac{2t}{T_a}})(I_k'')^2 = T_{eq}(I_k'')^2 \qquad (6.4.2-1)$$

$$T_{eq} = T_a(1 - e^{-\frac{2t}{T_a}}) \qquad (6.4.2-2)$$

式中：T_{eq}——直流分量热效应等效时间（s）。

6.4.3 在多电源供给短路电流的情况下，式（6.4.1）和式（6.4.2-1）中的 I_k''、$I_{k\frac{t}{2}}$ 和 I_{kt} 应为各电源供给的短路电流之和。

6.4.4 总热效应 Q_{kt} 按式（6.4.4）计算：

$$Q_{kt} = Q_{kACt} + Q_{kDCt} \qquad (6.4.4)$$

式中：Q_{kt}——t 时刻的短路电流总热效应（$kA^2 \cdot s$）。

6.5 并联容性补偿装置对短路电流的影响

6.5.1 当并联容性补偿装置（包括滤波装置）附近发生短路，且补偿装置的容量大于或等于短路点短路容量的5%时，必须考虑该补偿装置对短路的影响。

6.5.2 计及并联容性补偿装置对短路电流的影响时，计算短路电流应按下列步骤进行：

1 忽略并联容性补偿装置，按常规计算短路电流交流分量 I_k''、峰值电流 i_p 和热效应 Q_{kt}；

2 计算 $\dfrac{Q}{S_k''}$ 的值 [Q 为并联容性补偿装置的容量（Mvar），S_k'' 为并联容性补偿装置安装处的短路容量（MVA）]；

3 由图 6.5.2-1～图 6.5.2-3 的曲线分别查得短路电流交流分量、峰值电流和热效应的助增校正系数 f_k、f_p 和 f_Q。

4 计及并联容性补偿装置影响的短路电流交流分量的初始值、峰值电流和热效应按式（6.5.2-1）～式（6.5.2-3）计算：

$$I_{kC}'' = f_k \times I_k'' \qquad (6.5.2\text{-}1)$$

式中：I_{kC}''——计及并联容性补偿装置影响的短路电流交流分量的初始值（kA）。

$$i_{pC} = f_p \times i_p \qquad (6.5.2\text{-}2)$$

式中：i_{pC}——计及并联容性补偿装置影响的峰值电流（kA）。

$$Q_{ktC} = f_Q \times Q_{kt} \qquad (6.5.2\text{-}3)$$

式中：Q_{ktC}——计及并联容性补偿装置影响的 t 时刻的短路电流热效应（$kA^2 \cdot s$）。

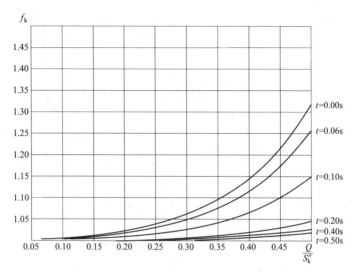

图 6.5.2-1 并联容性补偿装置交流分量助增校正系数曲线

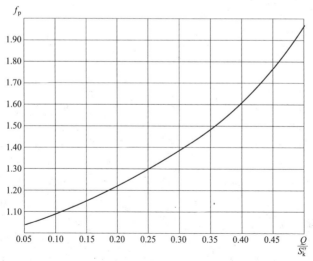

图 6.5.2-2 并联容性补偿装置峰值电流助增校正系数曲线

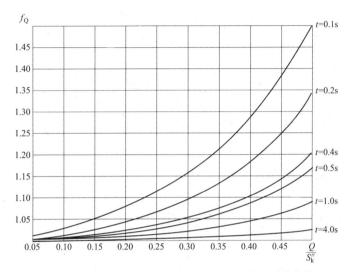

图 6.5.2-3　并联容性补偿装置热效应助增校正系数曲线

附录 A 发生最大短路电流的短路方式

发生最大短路电流的短路方式按图 A 确定。

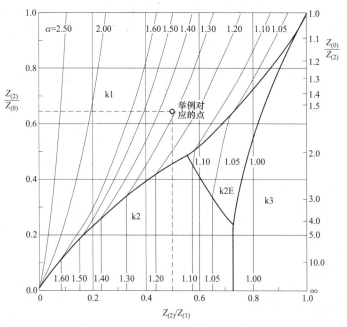

图 A 发生最大短路电流的短路方式

注：1. $\alpha = \dfrac{\text{不平衡短路电流}}{\text{三相短路电流}}$

2. 例如，$Z_{(2)}/Z_{(1)}=0.5$，$Z_{(2)}/Z_{(0)}=0.65$，从图中可以查到，单相接地短路时，短路电流为最大。

附录 B 变压器两侧的短路电流标幺值

表 B 变压器两侧的短路电流标幺值

序号	故障类型	一次侧	二次侧
1	三相短路	1.0 / 1.0 / 1.0 → A(0.577), B(0.577), C(0.577)	a(0.577), b(0.577), c(0.577) → 1.0 / 1.0 / 1.0
2	三相短路	1.0 / 1.0 / 1.0 → A(0.577), B(0.577), C(0.577)	c(1.0), b(1.0) → 1.0 / 1.0
3	两相短路	0.866 / 0.866 / 0 → A(0.289), B(0.577), C(0.289)	a(0.289), b(0.577), c(0.289) → 0.866 / 0.866 / 0
4	两相短路	1.0 / 0.5 / 0.5 → A(0.5), B(0.5), C(0)	c(0), b(0.866) → 0.866 / 0.866 / 0
5	两相短路	1.0 / 0.5 / 0.5 → A(1.0), B(0.5), C(0.5)	a(0.289), b(0.577), c(0.289) → 0.866 / 0.866 / 0

续表 B

序号	故障类型	一次侧	二次侧
6	单相接地		

注：1　图中的数据为以 I_{k3} 作为基准值的电流标幺值。

　　2　三相短路电流 $I_{k3} = \dfrac{变压器额定电流}{变压器短路阻抗}$

附录 C 算 例

C.1 原始数据及计算项目

C.1.1 主接线

某水电厂的主接线如图 C.1.1 所示。

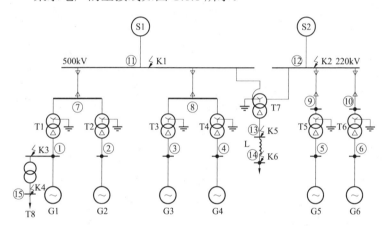

图 C.1.1 某水电厂主接线

C.1.2 参数

系统参数（基准容量为 1000MVA）：

500kV 系统：$x_1=x_2=0.11$，$x_0=0.16$，时间常数为 0.1s。

220kV 系统：正、负序电抗标幺值为 0.71，零序电抗标幺值为 1.27，时间常数为 0.06s。

500kV 电缆：L=0.306km，x=0.047 1Ω/km，r=0.036 6Ω/km，c=0.14μF/km。

220kV 电缆：L=0.307km，x=0.132Ω/km；r=0.028 3Ω/km，

c=0.14μF/km。

发电机 G1～G6 的参数：S_r=250MVA，U_r=15.75kV，x''_{ds}=0.203，x''_{du}=0.213 1，x'_{ds}=0.266 9，x'_{du}=0.298 7，x_d=1.014，x''_q=0.213 1，x_q=0.67，$\cos\varphi$=0.9，T_a=0.25s，T''_{do}=0.136s，T'_{do}=10.07s，T''_{qo}=0.145 2s，K_q=2.94，T_e=0.02s。

G1 发电机机端接厂用变压器，S_r=3MVA，U_r=15.75kV/0.4kV，U_k=6%。

变压器 T1～T4 的参数：S_r=255MVA，U_r=500kV/15.75kV，U_k=14%。

变压器 T5～T6 的参数：S_r=250MVA，U_r=220kV/15.75kV，U_k=14%。

变压器 T7 的参数：S_r=360MVA，U_r=500kV/220kV/10kV，$U_{k(1-2)}$=11.5%，$U_{k(1-3)}$=34%，$U_{k(2-3)}$=20%。

变压器 T8 的参数：S_r=3MVA，U_r=15.75kV/10kV，U_k=6%。

低压侧电抗器 L 参数 I_r=0.6kA，U_r=10kV，X_k=4%，有名值电抗 $X_k = \dfrac{10}{\sqrt{3}\times 0.6}\times 0.04 = 0.385(\Omega)$，$R_k \approx \dfrac{1}{40}x_k = 0.009\,6(\Omega)$，采用暂态解析法时，电抗器将作为线路处理。

C.1.3 计算项目

分别采用暂态解析法和运算求 K1～K7 发生三相短路时 t=0.00、0.10、0.20、1.00、2.00、4.00s 的短路电流交流分量、短路电流直流分量的初始值，峰值短路电流和 t=4.00s 的热效应，以及 K1、K2 点的不平衡短路（单相接地短路和两相短路）电流。

C.2 利用暂态解析法计算短路电流

C.2.1 绘制等效电路

根据主接线，画出系统的正序等效电路（负序等效电路与其相同）和零序等效电路，如图 C.2.1-1 和图 C.2.1-2 所示。

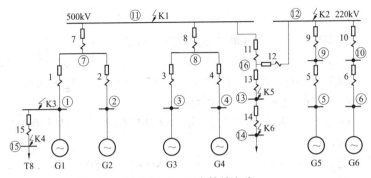

图 C.2.1-1　正序等效电路

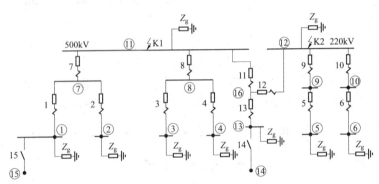

图 C.2.1-2　零序等效电路

C.2.2　输入运算数据

C.2.2.1　运行编写数据文件程序，输入计算所需的各个参数

在本算例中，程序所需的大部分参数都是原始参数，只有等效系统的短路容量需做简单的计算。

对于 500kV 系统 S1，正序短路容量 S_k''=1000/0.11=9090.9（MVA），零序短路容量 S_{k0}''=1000/0.16=6250（MVA）。

对于 220kV 系统 S2，正序短路容量 S_k''=1000/0.71=1408.5（MVA），零序短路容量 S_{k0}''=1000/1.27=787.4（MVA）。

对于变压器，额定电压实际上用于标幺值与有名值的换算，

U_i 和 U_j 用于确定变比。本算例中均按设备实际参数填写。

节点电压的标幺值是以节点的标称电压为基准的。本算例中等效系统的电压标幺值取为 1.0，表明其有名值电压分别为 230kV 和 525kV。

C.2.2.2　输入潮流分布程序数据文件

1　系统基本参数

节点总数=16，电源数=8，负荷数=1，变压器数=10（三绕组联络变压器等效为 3 台双绕组变压器），线路数=5，并联补偿装置数=0，PV 节点数=8。

2　电源运行参数

节点号=1，有功功率=225MW，功率因数=0.9，电压标幺值=1；
节点号=2，有功功率=225MW，功率因数=0.9，电压标幺值=1；
节点号=3，有功功率=225MW，功率因数=0.9，电压标幺值=1；
节点号=4，有功功率=225MW，功率因数=0.9，电压标幺值=1；
节点号=5，有功功率=225MW，功率因数=0.9，电压标幺值=1；
节点号=6，有功功率=225MW，功率因数=0.9，电压标幺值=1；
节点号=11，有功功率=–900MW，无功功率=500Mvar，电压标幺值=1；
节点号=12，有功功率=–450MW，无功功率=500Mvar，电压标幺值=1。

3　负荷运行参数

节点号=15，有功功率=2.4MW，功率因数=0.8，电压标幺值=1.0。

4　变压器参数

序号=1，变压器所连节点 i=1，j=7，额定容量=255MVA，高压侧额定电压=525kV，短路电压百分值=14，负载损耗=0，U_i=15.75kV，U_j=525kV；

序号=2，变压器所连节点 i=2，j=7，额定容量=255MVA，高压侧额定电压=525kV；短路电压百分值=14，负载损耗=0，

U_i=15.75kV，U_j=525kV；

序号=3，变压器所连节点 i=3，j=8，额定容量=255MVA，高压侧额定电压=525kV，短路电压百分值=14，负载损耗=0，U_i=15.75kV，U_j=525kV；

序号=4，变压器所连节点 i=4，j=8，额定容量=255MVA，高压侧额定电压=525kV，短路电压百分值=14，负载损耗=0，U_i=15.75kV，U_j=525kV；

序号=5，变压器所连节点 i=5，j=9，额定容量=250MVA，高压侧额定电压=230kV，短路电压百分值=14，负载损耗=0，U_i=15.75kV，U_j=230kV；

序号=6，变压器所连节点 i=6，j=10，额定容量=250MVA，高压侧额定电压=230kV，短路电压百分值=14，负载损耗=0，U_i=15.75kV，U_j=230kV；

序号=7，变压器所连节点 i=11，j=16，额定容量=360MVA，高压侧额定电压=525kV，短路电压百分值=12.75，负载损耗=0，U_i=525kV，U_j=230kV；

序号=8，变压器所连节点 i=12，j=16，额定容量=360MVA，高压侧额定电压=230kV，短路电压百分值= −1.25，负载损耗=0，U_i=230kV，U_j=230kV；

序号=9，变压器所连节点 i=13，j=16，额定容量=360MVA，高压侧额定电压=230kV，短路电压百分值=21.25，负载损耗=0，U_i=10.5kV，U_j=230kV；

序号=10，变压器所连节点 i=1，j=15，额定容量=3MVA，高压侧额定电压=15.75kV，短路电压百分值=6，负载损耗=0，U_i=15.75kV，U_j=10.5kV。

5 线路参数

序号=11，i=7，j=11，长度=0.306km，额定电压=525kV，R_1=0.000 13Ω/km，X_1=0.000 16Ω/km，B_1=0.000 04S/km；

序号=12，i=8，j=11，长度=0.306km，额定电压=525kV，R_1=0.000 13Ω/km，X_1=0.000 16Ω/km，B_1=0.000 04S/km；

序号=13，i=9，j=12，长度=0.306km，额定电压=230kV，R_1=0.000 52Ω/km，X_1=0.002 48Ω/km，B_1=0.000 04S/km；

序号=14，i=10，j=12，长度=0.306km，额定电压=230kV，R_1=0.000 52Ω/km，X_1=0.002 48Ω/km，B_1=0.000 04S/km；

序号=15，i=13，j=14，长度=1km，额定电压=10.5kV，R_1=0.009 6Ω/km，X_1=0.385Ω/km，B_1=0.000 001S/km。

6 PV节点序号

1，2，3，4，5，6，11，12。

7 所有节点的标称电压（kV）

15.75，15.75，15.75，15.75，15.75，15.75，525，525，230，230，525，230，10.5，10.5，10.5，230。

C.2.2.3 输入短路电流数据文件

1 基本参数

电源总数=8，其中等效系统数=2。

2 同步电机参数

额定容量=250MVA，节点号=1，x''_{ds}=0.203，x''_{du}=0.213 1，x'_{ds}=0.266 9，x'_{du}=0.298 7，x_d=1.014，x''_q=0.213 1，x_q=0.67，$\cos\varphi$=0.9，T_a=0.25s，T''_{do}=0.136s，T'_{do}=10.07s，T''_{qo}=0.145 2s，K_q=2.94，T_e=0.02s；

额定容量=250MVA，节点号=2，x''_{ds}=0.203，x''_{du}=0.213 1，x'_{ds}=0.266 9，x'_{du}=0.298 7，x_d=1.014，x''_q=0.213 1，x_q=0.67，$\cos\varphi$=0.9，T_a=0.25s，T''_{do}=0.136s，T'_{do}=10.07s，T''_{qo}=0.145 2s，K_q=2.94，T_e=0.02s；

额定容量=250MVA，节点号=3，x''_{ds}=0.203，x''_{du}=0.213 1，x'_{ds}=0.266 9，x'_{du}=0.298 7，x_d=1.014，x''_q=0.213 1，x_q=0.67，$\cos\varphi$=0.9，T_a=0.25s，T''_{do}=0.136s，T'_{do}=10.07s，T''_{qo}=0.145 2s，

K_q=2.94，T_e=0.02s；

额定容量=250MVA，节点号=4，x''_{ds}=0.203，x''_{du}=0.213 1，x'_{ds}=0.266 9，x'_{du}=0.298 7，x_d=1.014，x''_q=0.213 1，x_q=0.67，$\cos\varphi$=0.9，T_a=0.25s，T''_{do}=0.136s，T'_{do}=10.07s，T''_{qo}=0.145 2s，K_q=2.94，T_e=0.02s；

额定容量=250MVA，节点号=5，x''_{ds}=0.203，x''_{du}=0.213 1，x'_{ds}=0.266 9，x'_{du}=0.298 7，x_d=1.014，x''_q=0.213 1，x_q=0.67，$\cos\varphi$=0.9，T_a=0.25s，T''_{do}=0.136s，T'_{do}=10.07s，T''_{qo}=0.145 2s，K_q=2.94，T_e=0.02s；

额定容量=250MVA，节点号=6，x''_{ds}=0.203，x''_{du}=0.213 1，x'_{ds}=0.266 9，x'_{du}=0.298 7，x_d=1.014，x''_q=0.213 1，x_q=0.67，$\cos\varphi$=0.9，T_a=0.25s，T''_{do}=0.136s，T'_{do}=10.07s，T''_{qo}=0.145 2s，K_q=2.94，T_e=0.02s。

3 等效系统参数：

短路容量=9090.9MVA，节点号=11；

短路容量=1408.5MVA，节点号=12。

C.2.2.4 输入零序网络参数

1 基本参数

变压器数=10，线路数=5，接地支路数=9。

2 线路参数

序号=11，i=7，j=11，长度=0.306km，额定电压=525kV，R_0=0.000 13Ω/km，X_0=0.000 16Ω/km，B_0=0.000 04S/km；

序号=12，i=8，j=11，长度=0.306km，额定电压=525kV，R_0=0.000 13Ω/km，X_0=0.000 16Ω/km，B_0=0.000 04S/km；

序号=13，i=9，j=12，长度=0.306km，额定电压=230kV，R_0=0.000 52Ω/km，X_0=0.002 48Ω/km，B_0=0.000 04S/km；

序号=14，i=10，j=12，长度=0.306km，额定电压=230kV，R_0=0.000 52Ω/km，X_0=0.002 48Ω/km，B_0=0.000 04S/km；

序号=15，i=13，j=14，长度=1km，额定电压=10.5kV，R_0=0.009 6Ω/km，X_0=0.385Ω/km，B_0=0.000 001S/km。

3 接地支路参数

节点号=1，接地电阻=0，接地电抗=0；
节点号=2，接地电阻=0，接地电抗=0；
节点号=3，接地电阻=0，接地电抗=0；
节点号=4，接地电阻=0，接地电抗=0；
节点号=5，接地电阻=0，接地电抗=0；
节点号=6，接地电阻=0，接地电抗=0；
节点号=13，接地电阻=0，接地电抗=0；
节点号=11，短路容量=6250MVA；
节点号=12，短路容量=787.4MVA。

4 变压器参数

序号=1，变压器所连节点 i=1，j=7，额定容量=255MVA，高压侧额定电压=525kV，短路电压百分值=14，负载损耗=0，U_i=15.75kV，U_j=525kV；

序号=2，变压器所连节点 i=2，j=7，额定容量=255MVA，高压侧额定电压=525kV，短路电压百分值=14，负载损耗=0，U_i=15.75kV，U_j=525kV；

序号=3，变压器所连节点 i=3，j=8，额定容量=255MVA，高压侧额定电压=525kV，短路电压百分值=14，负载损耗=0，U_i=15.75kV，U_j=525kV；

序号=4，变压器所连节点 i=4，j=8，额定容量=255MVA，高压侧额定电压=525kV，短路电压百分值=14，负载损耗=0，U_i=15.75kV，U_j=525kV；

序号=5，变压器所连节点 i=5，j=9，额定容量=250MVA，高压侧额定电压=230kV，短路电压百分值=14，负载损耗=0，U_i=15.75kV，U_j=230kV；

序号=6，变压器所连节点 i=6，j=10，额定容量=250MVA，高压侧额定电压=230kV，短路电压百分值=14，负载损耗=0，U_i=15.75kV，U_j=230kV；

序号=7，变压器所连节点 i=11，j=16，额定容量=360MVA，高压侧额定电压=525kV，短路电压百分值=12.75，负载损耗=0，U_i=525kV，U_j=230kV；

序号=8，变压器所连节点 i=12，j=16，额定容量=360MVA，高压侧额定电压=230kV，短路电压百分值=−1.25，负载损耗=0，U_i=230kV，U_j=230kV；

序号=9，变压器所连节点 i=13，j=16，额定容量=360MVA，高压侧额定电压=230kV，短路电压百分值=21.25，负载损耗=0，U_i=10.5kV，U_j=230kV；

序号=10，变压器所连节点 i=1，j=15，额定容量=3MVA，高压侧额定电压=15.75kV，短路电压百分值=6，负载损耗=0，U_i=15.75kV，U_j=10.5kV。

C.2.3 运行潮流分布程序

根据屏幕提示，选取节点 11 作为平衡节点，电压标幺值取为 1.0。

C.2.4 运行交流分量计算程序

根据屏幕提示，选取节点 5、6、7、8 作为短路点，节点 5、8 只计算三相短路，节点 6、7 计算三相短路和各种不平衡短路。短路时间输入 0、0.1、0.2、1、2、4s。

C.2.5 运行直流分量计算程序

根据屏幕提示，选取节点 1、11、12、13、14、15 作为短路点，计算峰值短路电流、短路电流直流分量起始值和 4s 时的热效应。

从以上各程序的输出文件可以得到表 C.2.5-1 和表 C.2.5-2 所示的计算结果。

表 C.2.5-1　各短路点三相短路交流分量的计算结果（暂态解析法）

单位：kA

短路点	平均电压（kV）	分支回路	$t=0s$	$t=0.1s$	$t=0.2s$	$t=1.0s$	$t=2.0s$	$t=4.0s$
K1	525	7～11	1.689	1.504	1.433	1.210	1.007	0.697
		8～11	1.688	1.503	1.432	1.209	1.006	0.697
		16～11	1.707	1.620	1.598	1.632	1.698	1.847
		11～0	9.948	9.948	9.948	9.948	9.948	9.948
		总值	14.964	14.353	14.146	13.750	13.437	13.007
K2	230	9～12	1.907	1.710	1.669	1.823	2.102	2.793
		10～12	1.907	1.710	1.669	1.823	2.102	2.793
		16～12	6.812	6.618	6.627	6.971	6.970	6.968
		12～0	3.518	3.518	3.518	3.518	3.518	3.518
		总值	14.081	13.346	13.240	13.875	14.405	15.728
K3	15.75	7～1	61.440	59.692	59.799	61.243	61.242	61.230
		1～0	48.506	39.763	36.249	25.830	17.712	8.328
		总值	110.648	98.748	95.148	86.312	78.333	69.199
K4	10.5	1～15	2.622	2.584	2.599	2.623	2.623	2.625
		总值	2.622	2.584	2.599	2.623	2.623	2.625
K5	10.5	16～13	75.997	72.822	73.076	79.417	79.494	79.432
		总值	75.997	72.822	73.076	79.417	79.494	79.432
K6	10.5	13～14	13.728	13.323	13.366	13.601	13.594	13.595
		总值	13.728	13.323	13.366	13.601	13.594	13.595

表 C.2.5-2 短路电流计算结果总表(暂态解析法)

短路点	短路点平均电压(kV)	分支回路	短路电流交流分量初始值(kA)	4s短路电流有效值(kA)	短路电流直流分量初始值(kA)	峰值短路电流(kA)	单相接地短路电流交流分量初始值(kA)	两相短路电流交流分量初始值(kA)	两相接地短路电流交流分量初始值(kA)	4s热效应(kA²·s) 交流分量	4s热效应(kA²·s) 直流分量	4s热效应(kA²·s) 总值
K1	525	7~11	1.689	0.697	2.389	4.242						
		8~11	1.688	0.697	2.388	4.240						
		16~11	1.707	1.847	2.414	4.318						
		11~0	9.948	9.948	14.068	24.344						
		总值	14.964	13.007	21.259	37.144	15.121	12.570	15.154	948.4	13.68	962.1
K2	230	9~12	1.907	2.793	2.697	5.179						
		10~12	1.907	2.793	2.697	5.179						
		16~12	6.812	6.968	9.634	17.921						
		12~0	3.518	3.518	4.975	8.609						
		总值	14.081	15.728	20.003	36.889	16.365	12.166	15.604	1062	17.80	1080

续表 C.2.5-2

短路点	短路点平均电压（kV）	分支回路	短路电流交流分量初始值（kA）	4s短路电流有效值（kA）	短路电流直流分量初始值（kA）	峰值短路电流（kA）	单相接地短路电流交流分量初始值（kA）	两相短路电流交流初始分量值（kA）	两相接地短路电流交流分量初始值（kA）	4s 热效应（kA²·s） 交流分量	4s 热效应（kA²·s） 直流分量	4s 热效应（kA²·s） 总值
K3	15.75	7～1	61.440	61.230	86.889	166.196	—	—	—	2626	1713	27970
		1～0	48.506	8.328	70.278	135.538						
		总值	110.648	69.199	157.167	301.734						
K4	10.5	1～15	2.622	2.625	3.708	6.723	—	—	—	27.53	0.332	27.86
		总值	2.622	2.625	3.708	6.723						
K5	10.5	16～13	75.997	79.432	107.476	203.889	—	—	—	24850	604.2	25450
		总值	75.997	79.432	107.476	203.889						
K6	10.5	13～14	13.728	13.595	19.414	37.225	—	—	—	739.9	23.10	763.0
		总值	13.728	13.595	19.414	37.225						

C.3 利用运算曲线法计算短路电流

C.3.1 计算各元件的电抗标幺值并绘制电抗的等效电路

1 基准值

基准容量取 S_b=1000MVA，U_b 取平均值，各电压等级的基准电流分别为：1.1kA（525kV）、2.51kA（230kV）、36.7kA（15.75kV）。

2 正序电抗（为简化起见，电抗标幺值的下角省去符号"*"）

1) 发电机 G1~G6：

$$x_1 = x_2 = x_3 = x_4 = x_5 = x_6 = 0.20 \times \frac{1000}{250} = 0.8$$

2) 主变压器 T1~T4：

$$x_7 = x_8 = x_9 = x_{10} = 0.14 \times \frac{1000}{255} = 0.55$$

3) 主变压器 T5~T6：

$$x_{11} = x_{12} = 0.14 \times \frac{1000}{250} = 0.56$$

4) 联络变压器 T7：

高压侧：

$$U_{k1} = \frac{1}{2}[U_{k(1-2)} + U_{k(1-3)} - U_{k(2-3)}] = \frac{1}{2}(11.5 + 34 - 20)\% = 12.75\%$$

$$x_{13-1} = 12.75\% \times \frac{1000}{360} = 0.354$$

中压侧：

$$U_{k2} = \frac{1}{2}[U_{k(2-1)} + U_{k(2-3)} - U_{k(1-3)}] = \frac{1}{2}(11.5 + 20 - 34)\% = -1.25\%$$

$$x_{13-2} = -1.25\% \times \frac{1000}{360} = -0.034\,7$$

低压侧：

$$U_{k3} = \frac{1}{2}[U_{k(1-3)} + U_{k(2-3)} - U_{k(1-2)}] = \frac{1}{2}(34 + 20 - 11.5)\% = 21.25\%$$

$$x_{13-3} = 21.25\% \times \frac{1000}{360} = 0.59$$

5) 电抗器 L：

$$x_{14} = 0.04 \times \frac{10}{\sqrt{3} \times 0.6} \times \frac{1000}{10.5^2} = 3.49$$

6) 500kV 电缆：

$$x = 0.0471 \times L \times \frac{1000}{525^2} = 0.0471 \times 0.306 \times \frac{1000}{525^2} = 0.00005$$ （可以忽略不计）

7) 220kV 电缆：

$$x = 0.132 \times L \times \frac{1000}{230^2} = 0.132 \times 0.307 \times \frac{1000}{230^2} = 0.00076$$ （可以忽略不计）

8) 500kV 系统：

$$x_{15} = 0.11$$

9) 220kV 系统：

$$x_{16} = 0.71$$

10) 厂用变压器 T8：

$$x_{17} = 0.06 \times \frac{1000}{3} = 20$$

按以上数据，绘出等效电路图，如图 C.3.1-1 所示。

3 负序电抗

1) 发电机 G1～G6：

$$x_{31} = x_{32} = x_{33} = x_{34} = x_{35} = x_{36} = 0.2075 \times \frac{1000}{250} = 0.83$$

2) 其余设备的负序电抗与正序电抗相同：

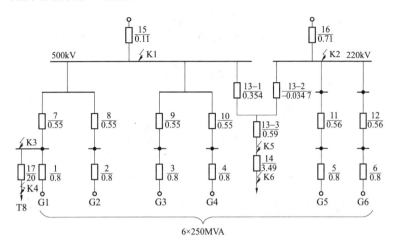

图 C.3.1-1 正序网络等效电抗图

注:分子值为元件编号,分母值为电抗标幺值。

变压器 T1~T4:

$x_{37}=x_{38}=x_{39}=x_{40}=0.55$。

变压器 T5~T6:

$x_{41}=x_{42}=0.56$。

联络变压器 T7:高压侧,$x_{43-1}=0.354$;中压侧,$x_{43-2}=-0.0347$;低压侧,$x_{43-3}=0.59$。

电抗器 L:$x_{44}=3.49$。

500kV 电缆: $x=0.00005$(可以忽略不计)。

220kV 电缆: $x=0.00076$(可以忽略不计)。

500kV 系统: $x_{45}=0.11$。

220kV 系统: $x_{46}=0.71$。

厂用变压器 T8:$x_{47}=20$。

按以上数据,绘出等效电路图,如图 C.3.1-2 所示。

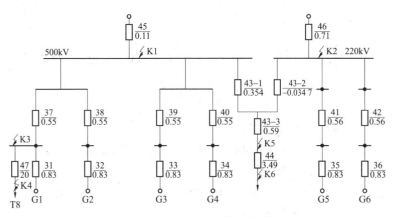

图 C.3.1-2 负序网络等效电抗图

4 零序电抗

1) 变压器 T1~T4：

$$x_{61} = x_{62} = x_{63} = x_{64} = 0.14 \times \frac{1000}{255} = 0.55$$

2) 变压器 T5~T6：

$$x_{65} = x_{66} = 0.14 \times \frac{1000}{250} = 0.56$$

3) 联络变压器 T7：

高压侧：

$$U_{k1} = \frac{1}{2}[U_{k(1-2)} + U_{k(1-3)} - U_{k(2-3)}] = \frac{1}{2}(11.5 + 34 - 20)\% = 12.75\%$$

$$x_{67-1} = 12.75\% \times \frac{1000}{360} = 0.354$$

中压侧：

$$U_{k2} = \frac{1}{2}[U_{k(2-1)} + U_{k(2-3)} - U_{k(1-3)}] = \frac{1}{2}(11.5 + 20 - 34)\% = -1.25\%$$

$$x_{67-2} = -1.25\% \times \frac{1000}{360} = -0.034\,7$$

53

低压侧：

$$U_{k3} = \frac{1}{2}[U_{k(1-3)} + U_{k(2-3)} - U_{k(1-2)}] = \frac{1}{2}(34 + 20 - 11.5)\% = 21.25\%$$

$$x_{67-3} = 21.25\% \times \frac{1000}{360} = 0.59$$

4) 500kV 电缆：

$x = 0.9 \times 0.00005 = 0.000045$ （可以忽略不计）

5) 220kV 电缆：

$x = 0.9 \times 0.00076 = 0.000684$ （可以忽略不计）

6) 500kV 系统：

$$x_{68} = 0.16$$

7) 220kV 系统：

$$x_{69} = 1.27$$

按以上数据，绘出等效电路图，如图 C.3.1-3 所示。

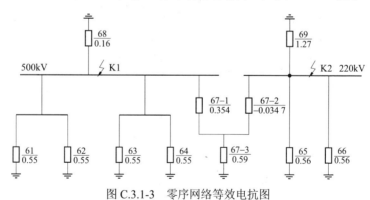

图 C.3.1-3 零序网络等效电抗图

C.3.2 按短路点进行网络化简

1 正序网络的化简

1) K1 点短路化简。首先将图 C.3.1-1 变为图 C.3.2-1 (a)，则

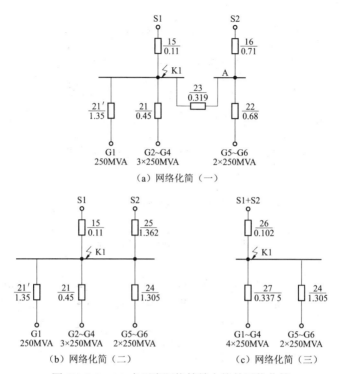

图 C.3.2-1　K1 点正序网络等效电抗的网络化简

$$x_{21} = \frac{x_1 + x_7}{3} = \frac{0.8 + 0.55}{3} = 0.45$$

$$x'_{21} = x_1 + x_7 = 0.8 + 0.55 = 1.35$$

$$x_{22} = \frac{x_5 + x_{11}}{2} = \frac{0.8 + 0.56}{2} = 0.68$$

$$x_{23} = x_{13-1} + x_{13-2} = 0.354 - 0.0347 = 0.319$$

用 Y→△ 法去掉图 C.3.2-1（a）中节点 A，变为图 C.3.2-1（b）。

$$x_{24} = x_{22} + x_{23} + \frac{x_{22}x_{23}}{x_{16}} = 0.68 + 0.319 + \frac{0.68 \times 0.319}{0.71} = 1.305$$

$$x_{25} = x_{16} + x_{23} + \frac{x_{16}x_{23}}{x_{22}} = 0.71 + 0.319 + \frac{0.71 \times 0.319}{0.68} = 1.362$$

将可归并电源归并，变为图 C.3.2-1（c）。

$$x_{26} = \frac{1}{\dfrac{1}{x_{15}} + \dfrac{1}{x_{25}}} = \frac{1}{9.091 + 0.734} = 0.102$$

$$x_{27} = \frac{1}{\dfrac{1}{x_{21}} + \dfrac{1}{x'_{21}}} = \frac{1}{2.222 + 0.741} = 0.338$$

各阻抗并联得组合电抗：

$$x_{1\Sigma} = \frac{1}{\dfrac{1}{x_{24}} + \dfrac{1}{x_{26}} + \dfrac{1}{x_{27}}} = \frac{1}{0.766 + 9.804 + 2.963} = 0.074$$

2）K2 点短路化简。首先将图 C.3.2-1（a）化为图 C.3.2-2（a），并用 Y→△法去掉节点 B，变为图 C3.2-2（b）。

$$x''_{21} = \frac{1}{\dfrac{1}{x_{21}} + \dfrac{1}{x'_{21}}} = \frac{1}{2.222 + 0.741} = 0.338$$

$$x_{28} = x''_{21} + x_{23} + \frac{x''_{21}x_{23}}{x_{15}} = 0.338 + 0.319 + \frac{0.338 \times 0.319}{0.11} = 1.637$$

$$x_{29} = x_{15} + x_{23} + \frac{x_{15}x_{23}}{x''_{21}} = 0.11 + 0.319 + \frac{0.11 \times 0.319}{0.338} = 0.533$$

将 S1、S2 电源归并，变为图 C.3.2-2（c）。

$$x_{30} = \frac{1}{\dfrac{1}{x_{29}} + \dfrac{1}{x_{16}}} = \frac{1}{1.876 + 1.408} = 0.305$$

各电抗并联得组合电抗：

$$x_{1\Sigma} = \frac{1}{\dfrac{1}{x_{22}} + \dfrac{1}{x_{28}} + \dfrac{1}{x_{30}}} = \frac{1}{1.471 + 0.611 + 3.279} = 0.187$$

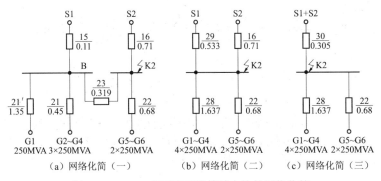

(a) 网络化简（一）　　(b) 网络化简（二）　　(c) 网络化简（三）

图 C.3.2-2　K2 点正序网络等效电抗的网络化简

3) K3 点短路化简：首先将图 C.3.2-1（b）化为图 C.3.2-3（a），由图 C.3.2-3（a）还原为图 C.3.2-3（b），并用 Y—△法去掉节点 C，变为图 C.3.2-3（c）。

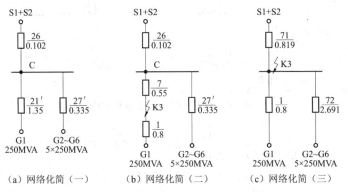

(a) 网络化简（一）　　(b) 网络化简（二）　　(c) 网络化简（三）

图 C.3.2-3　K3 点正序网络等效电抗的网络化简

$$x'_{27} = \frac{1}{\dfrac{1}{x_{21}} + \dfrac{1}{x_{24}}} = \frac{1}{2.222 + 0.766} = 0.335$$

$$x_{71} = x_{26} + x_7 + \frac{x_{26}x_7}{x'_{27}} = 0.102 + 0.55 + \frac{0.102 \times 0.55}{0.335} = 0.819$$

57

$$x_{72} = x'_{27} + x_7 + \frac{x'_{27}x_7}{x_{26}} = 0.335 + 0.55 + \frac{0.335 \times 0.55}{0.102} = 2.691$$

$$x_{1\Sigma} = \frac{1}{\dfrac{1}{x_1} + \dfrac{1}{x_{71}} + \dfrac{1}{x_{72}}} = \frac{1}{1.25 + 1.221 + 0.372} = 0.352$$

4) K4 点短路化简。利用图 C.3.2-3 的化简结果，添加厂用变压器支路，得到图 C.3.2-4（a）。利用 ΣY 法消去中间节点，得图 C.3.2-4（b）。

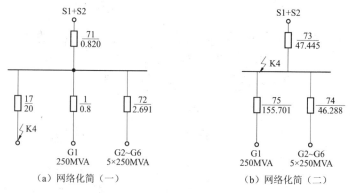

（a）网络化简（一）　　　　　（b）网络化简（二）

图 C.3.2-4　K4 点正序网络等效电抗的网络化简

$$\Sigma Y = \frac{1}{20} + \frac{1}{0.8} + \frac{1}{2.691} + \frac{1}{0.819} = 0.05 + 1.25 + 0.372 + 1.221 = 2.893$$

$$F = x_{17} \times \Sigma Y = 20 \times 2.893 = 57.86$$

$$x_{73} = 0.820 \times 57.86 = 47.445$$

$$x_{74} = 2.691 \times 57.86 = 155.701$$

$$x_{75} = 0.8 \times 57.86 = 46.288$$

$$x_{1\Sigma} = \frac{1}{\dfrac{1}{x_{73}} + \dfrac{1}{x_{74}} + \dfrac{1}{x_{75}}} = \frac{1}{0.021 + 0.006 + 0.022} = 20.408$$

5）K5 点短路化简。采用图 C.3.2-1（a）计算结果，将 C.3.1-1 转化为 C.3.2-5（a），并用Y→△法去掉节点 D、E，得到图 C.3.2-5（b）。

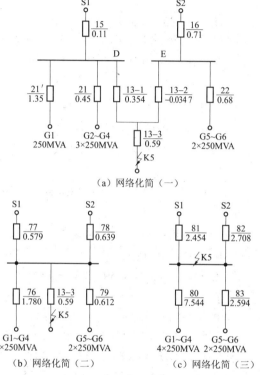

图 C.3.2-5　K5 点正序网络等效电抗的网络化简

$$x_{76} = x''_{21} + x_{13-1} + \frac{x''_{21} x_{13-1}}{x_{15}} = 0.338 + 0.354 + \frac{0.338 \times 0.354}{0.11} = 1.780$$

$$x_{77} = x_{15} + x_{13-1} + \frac{x_{15} x_{13-1}}{x''_{21}} = 0.11 + 0.354 + \frac{0.11 \times 0.354}{0.338} = 0.579$$

$$x_{78} = x_{16} + x_{13-2} + \frac{x_{16} x_{13-2}}{x_{22}} = 0.71 - 0.0347 + \frac{0.71 \times (-0.0347)}{0.68} = 0.639$$

59

$$x_{79} = x_{22} + x_{13-2} + \frac{x_{22}x_{13-2}}{x_{16}} = 0.68 - 0.0347 + \frac{0.68 \times (-0.0347)}{0.71} = 0.612$$

利用ΣY法消去中间节点，得图C.3.2-5（c）。

$$\Sigma Y = \frac{1}{0.59} + \frac{1}{1.780} + \frac{1}{0.579} + \frac{1}{0.639} + \frac{1}{0.612}$$
$$= 1.695 + 0.562 + 1.727 + 1.565 + 1.634 = 7.183$$

$$F = x_{13-3} \times \Sigma Y = 0.59 \times 7.183 = 4.238$$

$$x_{80} = 1.780 \times 4.238 = 7.544$$

$$x_{81} = 0.579 \times 4.238 = 2.454$$

$$x_{82} = 0.639 \times 4.238 = 2.708$$

$$x_{83} = 0.612 \times 4.238 = 2.594$$

$$x_{1\Sigma} = \frac{1}{\dfrac{1}{x_{80}} + \dfrac{1}{x_{81}} + \dfrac{1}{x_{82}} + \dfrac{1}{x_{83}}} = \frac{1}{0.133 + 0.407 + 0.369 + 0.386} = 0.772$$

6) K6点短路化简。利用图C.3.2-5（b）化为C.3.2-6（a），并用ΣY法去掉中间节点，得到图C.3.2-6（b）。

$$x_{84} = x_{13-3} + x_{14} = 0.59 + 3.49 = 4.08$$

$$\Sigma Y = \frac{1}{4.08} + \frac{1}{1.780} + \frac{1}{0.579} + \frac{1}{0.639} + \frac{1}{0.612}$$
$$= 0.245 + 0.562 + 1.727 + 1.565 + 1.634 = 5.733$$

$$F = x_{84} \times \Sigma Y = 4.08 \times 5.733 = 23.391$$

$$x_{85} = 1.780 \times 23.391 = 41.636$$

$$x_{86} = 0.579 \times 23.391 = 13.543$$

$$x_{87} = 0.639 \times 23.391 = 14.947$$

$$x_{88} = 0.612 \times 23.391 = 14.315$$

$$x_{1\Sigma} = \frac{1}{\dfrac{1}{x_{85}} + \dfrac{1}{x_{86}} + \dfrac{1}{x_{87}} + \dfrac{1}{x_{88}}} = \frac{1}{0.024 + 0.074 + 0.067 + 0.070} = 4.255$$

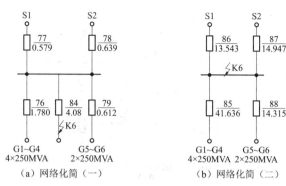

（a）网络化简（一）　　（b）网络化简（二）

图 C.3.2-6　K6 点正序网络等效电抗的网络化简

2　负序网络的化简

1）K1 点短路化简。首先将图 C.3.1-2 变为图 C.3.2-7（a），则：

$$x_{51} = x_{31} + x_{37} = 0.83 + 0.55 = 1.38$$

$$x_{52} = \frac{x_{31} + x_{37}}{3} = \frac{0.8 + 0.55}{3} = 0.46$$

$$x_{53} = x_{13-1} + x_{13-2} = 0.354 - 0.0347 \approx 0.319$$

$$x_{54} = \frac{x_{31} + x_{41}}{2} = \frac{0.83 + 0.56}{2} = 0.695$$

用 Y→△法去掉图 C.3.2-7（a）中节点 A，变为图 C.3.2-7（b）。

$$x_{57} = x_{53} + x_{54} + \frac{x_{53}x_{54}}{x_{46}} = 0.319 + 0.695 + \frac{0.319 \times 0.695}{0.71} = 1.326$$

$$x_{58} = x_{53} + x_{46} + \frac{x_{46}x_{53}}{x_{54}} = 0.71 + 0.319 + \frac{0.71 \times 0.319}{0.695} = 1.355$$

将可归并电源归并，变为图 C.3.2-7（c）。

$$x_{59} = \frac{1}{\dfrac{1}{x_{45}} + \dfrac{1}{x_{58}}} = \frac{1}{9.091 + 0.738} = 0.102$$

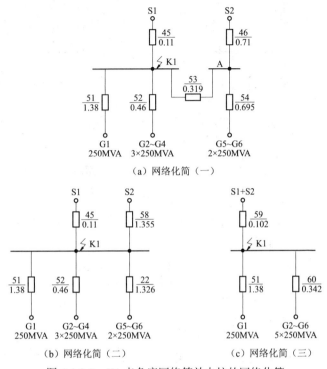

图C.3.2-7 K1点负序网络等效电抗的网络化简

$$x_{60} = \cfrac{1}{\cfrac{1}{x_{52}} + \cfrac{1}{x_{57}}} = \cfrac{1}{2.174 + 0.754} = 0.342$$

各阻抗并联得组合电抗：

$$x_{2\Sigma} = \cfrac{1}{\cfrac{1}{x_{51}} + \cfrac{1}{x_{59}} + \cfrac{1}{x_{60}}} = \cfrac{1}{0.725 + 9.804 + 2.924} = 0.074$$

2）K2点短路化简：参照图C.3.2-7（a），用Y→△法去掉节点B，变为图C.3.2-8（a）。

$$x = \cfrac{1}{\cfrac{1}{x_{51}} + \cfrac{1}{x_{52}}} \approx \frac{1}{0.725 + 2.174} \approx 0.345$$

$$x_{90} = x_{45} + x_{53} + \frac{x_{45}x_{53}}{x} = 0.11 + 0.319 + \frac{0.11 \times 0.319}{0.345} = 0.531$$

$$x_{91} = x + x_{53} + \frac{xx_{53}}{x_{45}} = 0.345 + 0.319 + \frac{0.345 \times 0.319}{0.11} = 1.665$$

将 S1、S2 电源归并，变为图 C.3.2-8（b）。

$$x_{92} = \cfrac{1}{\cfrac{1}{x_{90}} + \cfrac{1}{x_{46}}} = \frac{1}{1.883 + 1.408} = 0.304$$

各电抗并联得组合电抗：

$$x_{2\Sigma} = \cfrac{1}{\cfrac{1}{x_{54}} + \cfrac{1}{x_{91}} + \cfrac{1}{x_{92}}} = \frac{1}{1.439 + 0.601 + 3.289} = 0.188$$

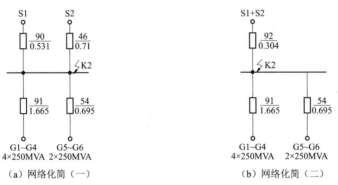

（a）网络化简（一）　　　　　　　（b）网络化简（二）

图 C.3.2-8　K2 点负序网络等效电抗的网络化简

3　零序网络化简

1）K1 点短路化简。将图 C.3.1-3 化为图 C.3.2-9（a），则：

$$x_{93} = \frac{x_{61}}{4} = \frac{0.55}{4} = 0.138$$

$$x_{94} = x_{67-1} + x_{67-2} = 0.354 - 0.0347 = 0.319$$

$$x_{95} = \frac{x_{65}}{2} = \frac{0.56}{2} = 0.28$$

用 Y→△ 法去掉节点 F，变为图 C.3.2-9（b）。

$$x_{96} = x_{69} + x_{94} + \frac{x_{69}x_{94}}{x_{95}} = 1.27 + 0.319 + \frac{1.27 \times 0.319}{0.28} = 3.036$$

$$x_{97} = x_{95} + x_{94} + \frac{x_{95}x_{94}}{x_{69}} = 0.28 + 0.319 + \frac{0.28 \times 0.319}{1.27} = 0.669$$

将各电抗并联得组合电抗：

$$x_{0\Sigma} = \frac{1}{\dfrac{1}{x_{68}} + \dfrac{1}{x_{93}} + \dfrac{1}{x_{96}} + \dfrac{1}{x_{97}}} = \frac{1}{6.25 + 7.246 + 0.329 + 1.495} = 0.065$$

2）K2 点短路化简。将图 C.3.2-9（a）用 Y→△ 法去掉节点 G，变为图 C.3.2-10。

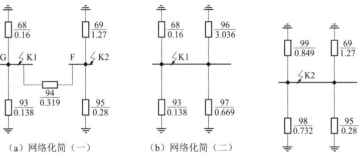

（a）网络化简（一）　　　（b）网络化简（二）

图 C.3.2-9　K1 点零序网络等效电抗的网络化简　　图 C.3.2-10　K2 点零序网络等效电抗图

$$x_{98} = x_{93} + x_{94} + \frac{x_{93}x_{94}}{x_{68}} = 0.138 + 0.319 + \frac{0.138 \times 0.319}{0.16} = 0.732$$

$$x_{99} = x_{68} + x_{94} + \frac{x_{68}x_{94}}{x_{93}} = 0.16 + 0.319 + \frac{0.16 \times 0.319}{0.138} = 0.849$$

将各电抗并联得组合电抗：

$$x_{0\Sigma} = \frac{1}{\dfrac{1}{x_{69}} + \dfrac{1}{x_{95}} + \dfrac{1}{x_{98}} + \dfrac{1}{x_{99}}} = \frac{1}{0.787 + 3.571 + 1.366 + 1.178} = 0.145$$

C.3.3 短路电流交流分量计算

利用上面的网络化简结果，将各电源对短路点的等效电抗归算到以各电源容量为基准的计算电抗，并查相应的运算曲线，即得各分支回路供给的短路电流交流分量标幺值，再经换算可得短路电流交流分量有效值和计算各分支回路供给的短路容量。

各短路点交流分量短路电流的计算结果见表C.3.3。

C.3.4 短路电流直流分量计算

参照图 C.3.1-1，绘制电阻等效网络电路图，见图 C.3.4-1。

500kV 电缆：

$$r = 0.036\,6 \times 0.306 \times \frac{1000}{525^2} = 0.000\,08 \text{（可以忽略不计）}$$

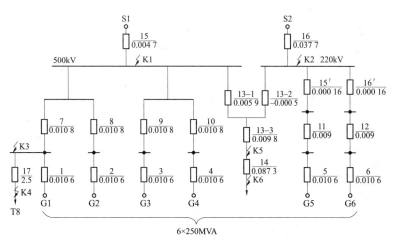

图 C.3.4-1 等效电阻网络图

表 C.3.3 各短路点三相短路交流分量的计算结果（kA）（运算曲线法）

短路点	分支回路	额定电流	计算电抗 x_{cal}	$t=0s$ I''_{k*}	$t=0s$ I''_k	$t=0.1s$ I_{k*}	$t=0.1s$ I_k	$t=0.2s$ I_{k*}	$t=0.2s$ I_k	$t=1.0s$ I_{k*}	$t=1.0s$ I_k	$t=2.0s$ I_{k*}	$t=2.0s$ I_k	$t=4.0s$ I_{k*}	$t=4.0s$ I_k
K1	G1~G4	1.100	0.337 5	3.273	3.600	2.931	3.224	2.794	3.073	2.361	2.597	1.964	2.160	1.360	1.496
K1	G5~G6	0.550	0.653	1.713	0.942	1.632	0.898	1.610	0.886	1.573	0.865	1.541	0.848	1.480	0.814
K1	S1, S2	1.100	0.102	10.784	11.862	10.784	11.862	10.784	11.862	10.784	11.862	10.784	11.862	10.784	11.862
K1	总值				16.404		15.984		15.821		15.325		14.871		14.172
K2	G1~G4	2.510	1.637	0.679	1.704	0.676	1.697	0.684	1.717	0.696	1.747	0.696	1.747	0.696	1.747
K2	G5~G6	1.255	0.340	3.273	4.108	2.931	3.679	2.794	3.507	2.361	2.963	1.964	2.465	1.360	1.707
K2	S1, S2	2.510	0.305	3.608	9.053	3.608	9.053	3.607	9.053	3.607	9.053	3.607	9.053	3.607	9.053
K2	总值				14.865		14.429		14.277		13.764		13.266		12.507
K3	G1	9.164	0.200	5.557	50.926	4.581	41.982	4.174	38.252	2.959	27.117	2.016	18.475	0.936	8.578
K3	G2~G6	45.821	3.364	0.327	14.984	0.327	14.984	0.327	14.984	0.327	14.984	0.327	14.984	0.327	14.984
K3	S1, S2	36.700	0.819	1.343	49.292	1.343	49.292	1.343	49.292	1.343	49.292	1.343	49.292	1.343	49.292
K3	总值				115.202		106.258		102.528		91.393		82.751		72.854

续表 C.3.3

短路点	分支回路	额定电流	计算电抗 x_{cal}	$t=0$s I''_{k*}	$t=0$s I''_k	$t=0.1$s I_{k*}	$t=0.1$s I_k	$t=0.2$s I_{k*}	$t=0.2$s I_k	$t=1.0$s I_{k*}	$t=1.0$s I_k	$t=2.0$s I_{k*}	$t=2.0$s I_k	$t=4.0$s I_{k*}	$t=4.0$s I_k
K4	G1	13.746	38.925	0.028	0.388	0.028	0.388	0.028	0.388	0.028	0.388	0.028	0.388	0.028	0.388
	G2~G6	68.732	57.860	0.019	1.307	0.019	1.307	0.019	1.307	0.019	1.307	0.019	1.307	0.019	1.307
	S1, S2	55.000	47.445	0.023	1.275	0.023	1.275	0.023	1.275	0.023	1.275	0.023	1.275	0.023	1.275
	总值				2.970		2.970		2.970		2.970		2.970		2.970
K5	G1~G4	54.986	7.544	0.146	8.018	0.146	8.018	0.146	8.018	0.146	8.018	0.146	8.018	0.146	8.018
	G5~G6	27.493	1.297	0.857	23.561	0.847	23.286	0.853	23.451	0.911	25.046	0.912	25.073	0.912	25.073
	S1	55.000	2.454	0.448	24.653	0.448	24.653	0.448	24.653	0.448	24.653	0.448	24.653	0.448	24.653
	S2	55.000	2.708	0.406	22.341	0.406	22.341	0.406	22.341	0.406	22.341	0.406	22.341	0.406	22.341
	总值				78.573		78.298		78.463		80.058		80.085		80.085
K6	G1~G4	54.986	41.636	0.026	1.453	0.026	1.453	0.026	1.453	0.026	1.453	0.026	1.453	0.026	1.453
	G5~G6	27.493	7.158	0.154	4.225	0.154	4.225	0.154	4.225	0.154	4.225	0.154	4.225	0.154	4.225
	S1	55.000	13.543	0.081	4.467	0.081	4.467	0.081	4.467	0.081	4.467	0.081	4.467	0.081	4.467
	S2	55.000	14.947	0.074	4.048	0.074	4.048	0.074	4.048	0.074	4.048	0.074	4.048	0.074	4.048
	总值				14.193		14.193		14.193		14.193		14.193		14.193

220kV 电缆：

$$r'_{15} = r'_{16} = 0.0283 \times 0.307 \times \frac{1000}{230^2} = 0.00016 \text{（可以忽略不计）}$$

T1~T6：由相关资料查得，参数与 T1~T6 接近的变压器的负载损耗分别为 0.705MW 和 0.567MW，代入下式：

$$r_7 = r_8 = r_9 = r_{10} = \frac{0.705}{255} = 0.00276$$

$$r_{11} = r_{12} = \frac{0.567}{250} = 0.002268$$

换算至 S_B 为 1000MVA 的 $r_7 = r_8 = r_9 = r_{10} = 0.0108$，$r_{11} = r_{12} = 0.009$。

T7：

由相关资料查得，参数与 T7 接近的变压器的 x/r 约为 60，代入下式：

$$r_{13-1} = \frac{x_{13-1}}{60} = \frac{0.354}{60} = 0.0059$$

$$r_{13-2} = \frac{x_{13-2}}{60} = \frac{-0.0347}{60} = -0.0005$$

$$r_{13-3} = \frac{x_{13-3}}{60} = \frac{0.59}{60} = 0.0098$$

T8：

由相关资料查得，参数与 T8 接近的变压器的负载损耗分别为 22.5kW，代入下式：

$$r_{17} = r_{18} = r_{19} = r_{20} = \frac{22.5}{3000} = 0.0075$$

换算至 S_B 为 1000MVA 的 $r_{17} = r_{18} = r_{19} = r_{20} = 2.5$。

发电机：

$T_a = 0.25s$，$x''_d = 0.20$，$x''_q = 0.215$，所以发电机负序电抗：

$$x_{2G} = \frac{0.20 + 0.215}{2} = 0.2075$$

$$r_1 = r_2 = r_3 = r_4 = r_5 = r_6 = \frac{x_{2G}}{314 \times T_a} = \frac{0.2075}{314 \times 0.25} = 0.00264$$

换算至 S_B 为 1000MVA 的 $r_1 = r_2 = r_3 = r_4 = r_5 = r_6 = 0.0106$。

电抗器 L：

$$r_{14} = \frac{x_{14}}{40} = \frac{3.49}{40} = 0.0873$$

500kV 与 220kV 系统的一次时间常数分别为 0.075s 和 0.06s。

500kV 系统 S1：

500kV 系统的一次时间常数为 0.075s。

$$T_a = \frac{x_{15}}{314 r_{15}} = \frac{0.11}{314 r_{15}} = 0.075, \quad r_{15} = \frac{x_{15}}{314 \times T_a} = \frac{0.11}{314 \times 0.075} = 0.0047$$

220kV 系统 S2：

220kV 系统的一次时间常数为 0.06s。

$$T_a = \frac{x_{16}}{314 r_{16}} = \frac{0.71}{314 r_{16}} = 0.06, \quad r_{16} = \frac{x_{16}}{314 \times T_a} = \frac{0.71}{314 \times 0.06} = 0.0377$$

1 K1 点短路

1）将图 C.3.4-1 变为图 C.3.4-2（a），则：

$$r_{21} = \frac{r_1 + r_7}{3} = \frac{0.0106 + 0.0108}{3} = 0.0071$$

$$r'_{21} = r_1 + r_7 = 0.0106 + 0.0108 = 0.0214$$

$$r_{22} = \frac{r_5 + r_{11} + r'_{15}}{2} = \frac{0.0106 + 0.009 + 0.00016}{2} = 0.00988$$

$$r_{23} = r_{13-1} + r_{13-2} = 0.0059 - 0.0005 = 0.0054$$

2）用 Y→△法去掉图 C.3.4-2（a）中节点 A，变为图 C.3.4-2（b），则：

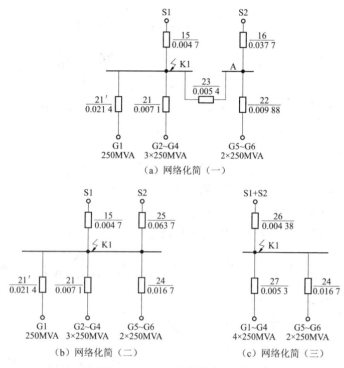

图 C.3.4-2 K1 点等效电阻图

$$r_{24} = r_{22} + r_{23} + \frac{r_{22}r_{23}}{r_{16}} = 0.00988 + 0.0054 + \frac{0.00988 \times 0.0054}{0.0377}$$
$$= 0.0167$$

$$r_{25} = r_{16} + r_{23} + \frac{r_{16}r_{23}}{r_{22}} = 0.0377 + 0.0054 + \frac{0.0377 \times 0.0054}{0.00988}$$
$$= 0.0637$$

3）将可归并电源归并，变为图 C.3.4-2（c），则：

$$r_{26} = \frac{1}{\dfrac{1}{r_{15}} + \dfrac{1}{r_{25}}} = \frac{1}{212.766 + 15.699} = 0.00438$$

$$r_{27} = \frac{1}{\dfrac{1}{r_{21}} + \dfrac{1}{r'_{21}}} = \frac{1}{140.845 + 46.729} = 0.0053$$

4) 各电阻并联得组合电阻：

$$r_{\Sigma} = \frac{1}{\dfrac{1}{r_{24}} + \dfrac{1}{r_{26}} + \dfrac{1}{r_{27}}} = \frac{1}{59.880 + 228.31 + 188.679} = 0.0021$$

5) 根据图 C.3.2-1（c）和图 C.3.4-2（c），利用电抗电阻分别化简法即可求得各分支的等值时间常数 T_a。

G1～G4：

$$T_a = \frac{x_{27}}{314 r_{27}} = \frac{0.338}{314 \times 0.0053} = 0.203$$

G5～G6：

$$T_a = \frac{x_{24}}{314 r_{24}} = \frac{1.305}{314 \times 0.0167} = 0.249$$

S1，S2：

$$T_a = \frac{x_{26}}{314 r_{26}} = \frac{0.102}{314 \times 0.00438} = 0.0742$$

6) 利用式（6.3.4-1）即可算得不同时间的短路电流直流分量，其结果见表 C.3.4-1。

表 C.3.4-1 K1 点短路电流直流分量计算结果

时间 t（s）	G1～G4 (T_a=0.203s, I_k=3.600kA)		G5～G6 (T_a=0.249s, I_k=0.942kA)		S1，S2 (T_a=0.0742s, I_k=11.862kA)		$\sum i_{DCt}$ (kA)
	e^{-t/T_a}	i_{DCt}	e^{-t/T_a}	i_{DCt}	e^{-t/T_a}	i_{DCt}	
0	1.00	5.09	1.00	1.33	1.00	16.78	23.2
0.1	0.61	3.11	0.67	0.89	0.26	4.36	8.36
0.2	0.37	1.90	0.45	0.60	0.07	1.13	3.63
≥2	0	0	0	0	0	0	0

2 K2点短路

1) 将图C.3.4-2（a）化为图C.3.4-3（a），并用Y→△法去掉节点B，变为图C.3.4-3（b）。

$$r''_{21} = \frac{1}{\frac{1}{r_{21}} + \frac{1}{r'_{21}}} = \frac{1}{140.845 + 46.729} = 0.00533$$

$$r_{28} = r''_{21} + r_{23} + \frac{r''_{21}r_{23}}{r_{15}} = 0.00533 + 0.0054 + \frac{0.00533 \times 0.0054}{0.0047}$$
$$= 0.01685$$

$$r_{29} = r_{15} + r_{23} + \frac{r_{15}r_{23}}{r''_{21}} = 0.0047 + 0.0054 + \frac{0.0047 \times 0.0054}{0.00533}$$
$$= 0.01486$$

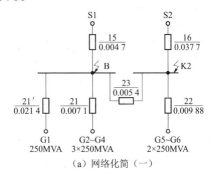

（a）网络化简（一）

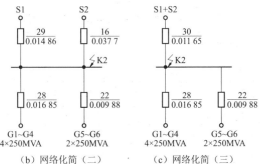

（b）网络化简（二）　　（c）网络化简（三）

图C.3.4-3　K2点等效电阻图

将 S1、S2 电源归并，变为图 C.3.4-3（c）。

$$r_{30} = \frac{1}{\dfrac{1}{r_{29}} + \dfrac{1}{r_{16}}} = \frac{1}{67.295 + 26.525} = 0.01066$$

2） 各电阻并联得组合电阻：

$$r_{\Sigma} = \frac{1}{\dfrac{1}{r_{22}} + \dfrac{1}{r_{28}} + \dfrac{1}{r_{30}}} = \frac{1}{101.215 + 59.347 + 93.809} = 0.00393$$

根据图 C.3.2-2（c）和图 C.3.4-1（c），利用电抗电阻分别化简法即可求得各分支的等值时间常数 T_a。

G1～G4：$T_a = \dfrac{x_{28}}{314 r_{28}} = \dfrac{1.637}{314 \times 0.01685} = 0.3094$

G5～G6：$T_a = \dfrac{x_{22}}{314 r_{22}} = \dfrac{0.68}{314 \times 0.00988} = 0.2192$

S1，S2：$T_a = \dfrac{x_{30}}{314 r_{30}} = \dfrac{0.305}{314 \times 0.01066} = 0.0911$

利用式（6.3.4-1）即可算得不同时间的短路电流直流分量，其结果见表 C.3.4-2。

表 C.3.4-2 K2 点短路电流直流分量计算结果

时间 t（s）	G1～G4 (T_a=0.3094s, I_k''=1.704kA)		G5～G6 (T_a=0.2192s, I_k''=4.108kA)		S1, S2 (T_a=0.0911s, I_k''=11.862kA)		Σi_{DCt}（kA）
	e^{-t/T_a}	i_{DCt}	e^{-t/T_a}	i_{DCt}	e^{-t/T_a}	i_{DCt}	
0	1.00	2.41	1.00	5.81	1.00	12.804	21.024
0.1	0.72	1.74	0.63	3.68	0.33	5.535	10.955
0.2	0.52	1.26	0.40	2.33	0.11	1.845	5.435
≥2	0	0	0	0	0	0	0

3　K3 点短路

$$r_{71} = r_{26} + r_7 + \frac{r_{26} \times r_7}{r_{27}} = 0.00438 + 0.0108 + \frac{0.00438 \times 0.0108}{0.00498}$$
$$= 0.0247$$

$$r_{72} = r_{27} + r_7 + \frac{r_{27} \times r_7}{r_{26}} = 0.00498 + 0.0108 + \frac{0.00498 \times 0.0108}{0.00438}$$
$$= 0.0281$$

$$r_\Sigma = \frac{1}{\frac{1}{r_1} + \frac{1}{r_{71}} + \frac{1}{r_{72}}} = \frac{1}{94.340 + 40.486 + 35.587} = 0.00587$$

根据图 C.3.2-3（b）和图 C.3.4-4（b），利用电抗电阻分别化简法即可求得各分支的等值时间常数 T_a。

G1：$T_a = 0.250$

G2~G6：$T_a = \dfrac{x_{72}}{314 r_{72}} = \dfrac{2.691}{314 \times 0.0281} = 0.305$

S1，S2：$T_a = \dfrac{x_{71}}{314 r_{71}} = \dfrac{0.819}{314 \times 0.0247} = 0.106$

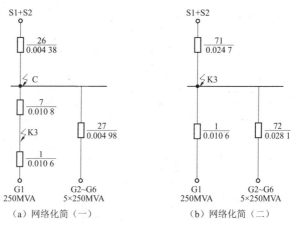

（a）网络化简（一）　　　（b）网络化简（二）

图 C.3.4-4　K3 点等效电阻图

利用式(6.3.4-1)即可算得不同时间的短路电流直流分量,其结果见表 C.3.4-3。

表 C.3.4-3　K3 点短路电流直流分量计算结果

时间 t (s)	G1 (T_a=0.25s, I_k'' =50.926kA)		G2～G6 (T_a=0.305s, I_k'' =14.984kA)		S1, S2 (T_a=0.106s, I_k'' =49.292kA)		Σi_{DCt} (kA)
	e^{-t/T_a}	i_{DCt}	e^{-t/T_a}	i_{DCt}	e^{-t/T_a}	i_{DCt}	
0	1.00	72.02	1.00	21.187	1.00	69.707	162.914
0.1	0.67	48.25	0.72	15.255	0.39	27.137	90.642
0.2	0.45	32.41	0.52	11.017	0.15	10.56	53.987
≥2	0	0	0	0	0	0	0

4　K4 点短路

利用图 C.3.4-4 的化简结果,添加厂用变压器支路,得到图 C.3.4-5(a)。利用 ΣY 法消去中间节点,得图 C.3.4-5(b)。

$$\Sigma Y = \frac{1}{2.5} + \frac{1}{0.0106} + \frac{1}{0.0281} + \frac{1}{0.0247}$$

$$= 0.4 + 94.3396 + 35.5872 + 40.4858 = 170.813$$

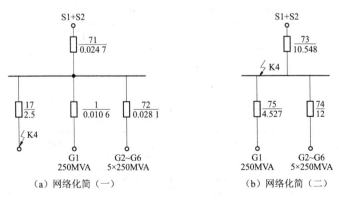

(a) 网络化简(一)　　　　　　(b) 网络化简(二)

图 C.3.4-5　K4 点等效电阻图

$$F = r_{17} \times \Sigma Y = 2.5 \times 170.813 = 427.032\,5$$

$$r_{73} = 0.024\,7 \times 427.032\,5 = 10.548$$

$$r_{74} = 0.028\,1 \times 427.032\,5 = 12$$

$$r_{75} = 0.010\,6 \times 427.032\,5 = 4.527$$

$$r_{\Sigma} = \frac{1}{\dfrac{1}{r_{73}} + \dfrac{1}{r_{74}} + \dfrac{1}{r_{75}}} = \frac{1}{0.094\,8 + 0.083\,3 + 0.220\,9} = 2.506$$

根据图 C.3.2-4（b）和图 C.3.4-5（b），利用电抗电阻分别化简法即可求得各分支的等值时间常数 T_a。

G1： $T_a = \dfrac{x_{75}}{314 r_{75}} = \dfrac{155.701}{314 \times 4.527} = 0.109\,5$

G2～G6： $T_a = \dfrac{x_{74}}{314 r_{74}} = \dfrac{46.288}{314 \times 12} = 0.012\,3$

S1，S2： $T_a = \dfrac{x_{73}}{314 r_{73}} = \dfrac{47.445}{314 \times 10.548} = 0.014\,3$

利用式（6.3.4-1）即可算得不同时间的短路电流直流分量，其结果见表 C.3.4-4。

表 C.3.4-4　K4 点短路电流直流分量计算结果

时间 t（s）	G1 (T_a=0.109 5, I''_k=0.388kA)		G2～G6 (T_a=0.012 3, I''_k=1.307kA)		S1，S2 (T_a=0.014 3, I''_k=1.275kA)		Σi_{DCt} (kA)
	e^{-t/T_a}	i_{DCt}	e^{-t/T_a}	i_{DCt}	e^{-t/T_a}	i_{DCt}	
0	1.00	0.55	1.00	1.848	1.00	1.804	4.202
0.1	0.40	0.22	0.00	0.00	0.00	0.00	0.22
0.2	0.16	0.088	0.00	0.00	0.00	0.00	0.088
≥2	0	0	0	0	0	0	0

5 K5 点短路

1） 采用图 C.3.4-2（a）计算结果，将 C.3.4-2（a）转化为得 C.3.4-6（a），并用 Y→△法去掉节点 D、E，得到图 C.3.4-6（b）。

$$r''_{21} = \cfrac{1}{\cfrac{1}{r_{21}} + \cfrac{1}{r'_{21}}} = \frac{1}{140.845 + 46.729} = 0.0053$$

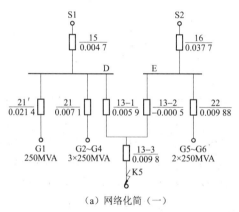

（a）网络化简（一）

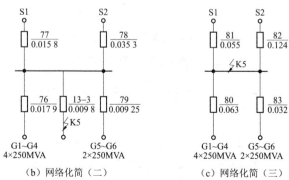

（b）网络化简（二）　　（c）网络化简（三）

图 C.3.4-6　K5 点等效电阻图

$$r_{76} = r_{21}'' + r_{13-1} + \frac{r_{21}'' r_{13-1}}{r_{15}} = 0.0053 + 0.0059 + \frac{0.0053 \times 0.0059}{0.0047}$$
$$= 0.0179$$

$$r_{77} = r_{15} + r_{13-1} + \frac{r_{15} r_{13-1}}{r_{21}''} = 0.0047 + 0.0059 + \frac{0.0047 \times 0.0059}{0.0053}$$
$$= 0.0158$$

$$r_{78} = r_{16} + r_{13-2} + \frac{r_{16} r_{13-2}}{r_{22}} = 0.0377 - 0.0005 + \frac{0.0377 \times (-0.0005)}{0.00988}$$
$$= 0.0353$$

$$r_{79} = r_{22} + r_{13-2} + \frac{r_{22} r_{13-2}}{r_{16}} = 0.00988 - 0.0005 + \frac{0.00988 \times (-0.0005)}{0.0377}$$
$$= 0.00925$$

2） 利用ΣY法消去中间节点，得图 C.3.4-6（c）。

$$\Sigma Y = \frac{1}{0.0179} + \frac{1}{0.0158} + \frac{1}{0.0353} + \frac{1}{0.00925} + \frac{1}{0.0098}$$
$$= 55.866 + 63.291 + 28.329 + 108.108 + 102.041 = 357.635$$

$$F = r_{13-3} \times \Sigma Y = 0.0098 \times 357.635 = 3.505$$

$$r_{80} = 0.0179 \times 3.505 = 0.063$$
$$r_{81} = 0.0158 \times 3.505 = 0.055$$
$$r_{82} = 0.0353 \times 3.505 = 0.124$$
$$r_{83} = 0.00925 \times 3.505 = 0.032$$

$$r_{\Sigma} = \frac{1}{\dfrac{1}{r_{80}} + \dfrac{1}{r_{81}} + \dfrac{1}{r_{82}} + \dfrac{1}{r_{83}}} = \frac{1}{15.873 + 18.18 + 8.065 + 31.25} = 0.014$$

3） 根据图 C.3.2-5（c）和图 C.3.2-6（c），利用电抗电阻分别化简法即可求得各分支的等值时间常数 T_a。

$$G1 \sim G4: \quad T_a = \frac{x_{80}}{314 r_{80}} = \frac{7.544}{314 \times 0.063} = 0.381$$

G5～G6：$T_{\mathrm{a}} = \dfrac{x_{83}}{314 r_{83}} = \dfrac{2.594}{314 \times 0.032} = 0.258$

S1：$T_{\mathrm{a}} = \dfrac{x_{81}}{314 r_{81}} = \dfrac{2.454}{314 \times 0.055} = 0.142$

S2：$T_{\mathrm{a}} = \dfrac{x_{82}}{314 r_{82}} = \dfrac{2.708}{314 \times 0.124} = 0.07$

4) 利用式（6.3.4-1）即可算得不同时间的短路电流直流分量，其结果见表 C.3.4-5。

表 C.3.4-5　K5 点短路电流直流分量计算结果

时间 t（s）	G1～G4 (T_{a}=0.381, I_{k}''=8.018kA)		G5～G6 (T_{a}=0.258, I_{k}''=23.561kA)		S1 (T_{a}=0.142, I_{k}''=24.653kA)		S2 (T_{a}=0.07, I_{k}''=22.341kA)		$\Sigma i_{\mathrm{DC}t}$ (kA)
	$\mathrm{e}^{-t/T_{\mathrm{a}}}$	$i_{\mathrm{DC}t}$	$\mathrm{e}^{-t/T_{\mathrm{a}}}$	$i_{\mathrm{DC}t}$	$\mathrm{e}^{-t/T_{\mathrm{a}}}$	$i_{\mathrm{DC}t}$	$\mathrm{e}^{-t/T_{\mathrm{a}}}$	$i_{\mathrm{DC}t}$	
0	1.00	11.341	1.00	33.32	1.00	34.87	1.00	31.592	111.123
0.1	0.77	8.723	0.68	22.61	0.49	17.237	0.24	7.568	56.138
0.2	0.59	6.71	0.46	15.35	0.24	8.525	0.06	1.815	32.4
≥2	0	0	0	0	0	0	0	0	0

6　K6 点短路

1) 利用图 C.3.4-6（b）化为图 C.3.4-7（a），并用 ΣY 法去掉中间节点，得到图 C.3.4-7（b）。

$$r_{84} = r_{13-3} + r_{14} = 0.009\,8 + 0.087\,3 = 0.097\,1$$

$$\Sigma Y = \dfrac{1}{0.017\,9} + \dfrac{1}{0.015\,8} + \dfrac{1}{0.035\,3} + \dfrac{1}{0.009\,25} + \dfrac{1}{0.097\,1}$$

$$= 55.866 + 63.291 + 28.329 + 108.108 + 10.299 = 265.893$$

$$F = r_{84} \times \Sigma Y = 0.097\,1 \times 265.893 = 25.818$$

$$r_{85} = 0.017\,9 \times 25.818 = 0.462$$

$$r_{86} = 0.015\,8 \times 25.818 = 0.408$$

$$r_{87} = 0.0353 \times 25.818 = 0.911$$

$$r_{88} = 0.00925 \times 25.818 = 0.239$$

$$r_\Sigma = \cfrac{1}{\cfrac{1}{r_{85}}+\cfrac{1}{r_{86}}+\cfrac{1}{r_{87}}+\cfrac{1}{r_{88}}} = \frac{1}{2.165+2.451+1.098+4.184} = 0.101$$

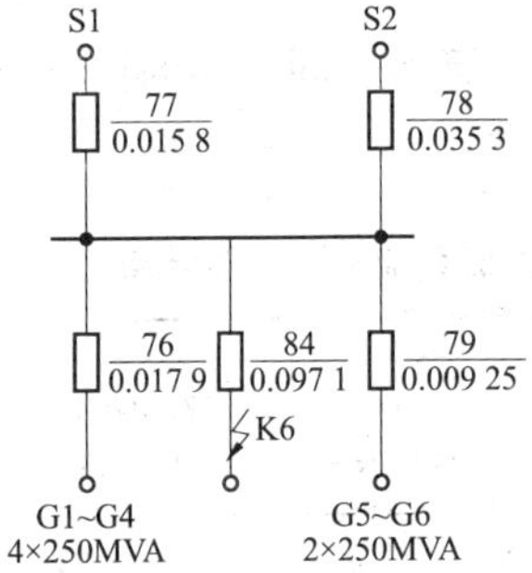

（a）网络化简（一） 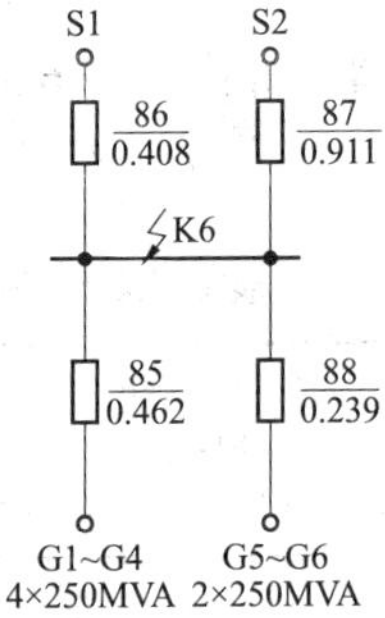　　　　（b）网络化简（二）

图 C.3.4-7　K6 点等效电阻图

2）根据图 C.3.4-6（b）和图 C.3.4-7（b），利用电抗电阻分别化简法即可求得各分支的等值时间常数 T_a。

G1～G4：$T_a = \dfrac{x_{85}}{314 r_{85}} = \dfrac{41.636}{314 \times 462} = 0.0287$

G5～G6：$T_a = \dfrac{x_{88}}{314 r_{88}} = \dfrac{14.315}{314 \times 0.239} = 0.191$

S1：$T_a = \dfrac{x_{86}}{314 r_{86}} = \dfrac{13.543}{314 \times 0.408} = 0.1057$

S2：$T_a = \dfrac{x_{87}}{314 r_{87}} = \dfrac{14.947}{314 \times 0.911} = 0.0522$

3）利用式（6.3.4-1）即可算得不同时间的短路电流直流分量，其结果见表 C.3.4-6。

表 C.3.4-6 K6 点短路电流直流分量计算结果

时间 t (s)	G1～G4 (T_a=0.028 7, I_k''=1.453kA)		G5～G6 (T_a=0.191, I_k''=4.225kA)		S1 (T_a=0.105 7, I_k''=4.467kA)		S2 (T_a=0.052 2, I_k''=4.048kA)		Σi_{DCt} (kA)
	e^{-t/T_a}	i_{DCt}	e^{-t/T_a}	i_{DCt}	e^{-t/T_a}	i_{DCt}	e^{-t/T_a}	i_{DCt}	
0	1.00	2.057	1.00	5.973	1.00	6.314	1.00	5.72	20.064
0.1	0.03	0.066	0.59	3.542	0.39	2.453	0.15	0.847	6.908
0.2	0.00	0	0.35	2.101	0.15	0.957	0.02	0.121	3.179
≥2	0	0	0	0	0	0	0	0	0

C.3.5 峰值电流计算

根据式（6.3.4-1）计算 K1～K6 各点短路的峰值电流，式中 K_p 按 T_a（均取至小数点后第三位）由图 6.3.4-1 中查得（也可采用表 6.3.4 推荐值），计算结果见表 C.3.5。

表 C.3.5 峰值电流计算结果

短路点	分支回路	I_k'' (kA)	T_a (s)	K_p	i_p
K1	G1～G4	3.600	0.203	1.952	9.938
	G5～G6	0.942	0.249	1.961	2.612
	S1, S2	11.862	0.074 2	1.874	31.438
	合计				43.988
K2	G1～G4	1.704	0.309 4	1.968	4.744
	G5～G6	4.108	0.219 2	1.955	11.360
	S1, S2	9.053	0.091 1	1.896	24.271
	合计				40.375
K3	G1	50.926	0.25	1.960	141.138
	G2～G6	14.984	0.305	1.968	41.697
	S1, S2	49.292	0.106	1.910	133.143
	合计				315.978

续表 C.3.5

短路点	分支回路	I_k''（kA）	T_a（s）	K_p	i_p
K4	G1	0.388	0.109 5	1.913	1.051
	G2~G6	1.307	0.012 3	1.444	2.668
	S1, S2	1.275	0.014 3	1.497	2.699
	合计				6.418
K5	G1~G4	8.018	0.381	1.974	22.383
	G5~G6	23.561	0.258	1.962	65.375
	S1	24.653	0.142	1.932	67.360
	S2	22.341	0.07	1.867	58.984
	合计				214.102
K6	G1~G4	1.453	0.028 7	1.706	3.505
	G5~G6	4.225	0.191	1.949	11.646
	S1	4.467	0.105 7	1.910	12.065
	S2	4.048	0.052 2	1.826	10.450
	合计				37.666

C.3.6 不平衡短路电流计算

1 K1 点短路

由 C.3.2 中 K1 点正序、负序和零序电抗的计算结果得图 C.3.6-1。

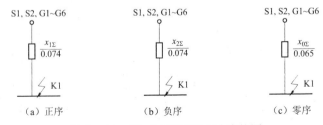

（a）正序　　　　（b）负序　　　　（c）零序

图 C.3.6-1 K1 点短路序网组合电抗图

1) 单相接地短路

$$I''_{kI} = 1.1 \times \frac{3I_{bs}}{x_{1\Sigma} + x_{2\Sigma} + x_{0\Sigma}} = 1.1 \times \frac{3 \times 1.1}{0.074 + 0.074 + 0.065} = 17.04 \text{（kA）}$$

2) 两相短路

$$I''_{kII} = \frac{\sqrt{3}I_{bs}}{x_{1\Sigma} + x_{2\Sigma}} = \frac{\sqrt{3} \times 1.1}{0.074 + 0.074} = 12.87 \text{（kA）}$$

3) 两相接地短路

$$I''_{kIIE} = \frac{\sqrt{3}\sqrt{1 - \dfrac{x_{2\Sigma}x_{0\Sigma}}{(x_{2\Sigma} + x_{0\Sigma})^2}}}{x_{1\Sigma} + \dfrac{x_{2\Sigma}x_{0\Sigma}}{x_{2\Sigma} + x_{0\Sigma}}} \times I_{bs} = \frac{\sqrt{3} \times 0.867 \times 1.1}{0.109} = 15.16 \text{（kA）}$$

2 K2点短路

由C.3.2中K2点正序、负序和零序电抗的计算结果得图C.3.6-2。

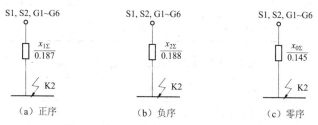

(a) 正序　　　　　(b) 负序　　　　　(c) 零序

图C.3.6-2　K2点短路序网组合电抗图

1) 单相接地短路

$$I''_{kI} = 1.1 \times \frac{3I_{bs}}{x_{1\Sigma} + x_{2\Sigma} + x_{0\Sigma}} = 1.1 \times \frac{3 \times 2.51}{0.187 + 0.188 + 0.145} = 15.93 \text{（kA）}$$

2) 两相短路

$$I''_{kII} = \frac{\sqrt{3}I_{bs}}{x_{1\Sigma} + x_{2\Sigma}} = \frac{\sqrt{3} \times 2.51}{0.187 + 0.188} = 11.59 \text{（kA）}$$

3) 两相接地短路

$$I_{kIIE}'' = \frac{\sqrt{3}\sqrt{1-\dfrac{x_{2\Sigma}x_{0\Sigma}}{(x_{2\Sigma}+x_{0\Sigma})^2}}}{x_{1\Sigma}+\dfrac{x_{2\Sigma}x_{0\Sigma}}{x_{2\Sigma}+x_{0\Sigma}}} \times I_{bs} = \frac{\sqrt{3}\times 0.868\times 2.51}{0.187+0.082} = 14.03 \text{ (kA)}$$

C.3.7 4s 热效应 Q_{kt} 计算

1 交流分量的热效应 Q_{kACt} 计算

1）计算方法：采用式（6.4.1）计算。

Q_{kACt} 计算结果见表 C.3.7-1～表 C.3.7-6。

表 C.3.7-1　K1 点短路的 Q_{kACt} 计算成果　　（kA² · s）

t	I_{kt}	I_{kt}^2	系数	系数×I_{kt}^2	式（6.4.1）的分子	Q_{kACt}
0	16.404	269.091	1	269.091	2681.107	893.702
2	14.870	221.117	10	2211.17		
4	14.172	200.846	1	200.846		

表 C.3.7-2　K2 点短路的 Q_{kACt} 计算成果　　（kA² · s）

t	I_{kt}	I_{kt}^2	系数	系数×I_{kt}^2	式（6.4.1）的分子	Q_{kACt}
0	14.865	220.968	1	220.968	2136.996	712.332
2	13.265	175.960	10	1759.602		
4	12.507	156.425	1	156.425		

表 C.3.7-3　K3 点短路的 Q_{kACt} 计算成果　　（kA² · s）

t	I_{kt}	I_{kt}^2	系数	系数×I_{kt}^2	式（6.4.1）的分子	Q_{kACt}
0	115.202	13 271.500	1	13 271.500	89 776.827	29 925.609
2	84.248	7097.726	10	70 977.255		
4	74.351	5528.071	1	5528.071		

表 C.3.7-4　K4 点短路的 Q_{kACt} 计算成果　　（kA² · s）

t	I_{kt}	I_{kt}^2	系数	系数×I_{kt}^2	式（6.4.1）的分子	Q_{kACt}
0	2.97	8.821	1	8.821	105.851	35.284
2	2.97	8.821	10	88.209		
4	2.97	8.821	1	8.821		

表 C.3.7-5　K5 点短路的 Q_{kACt} 计算成果　　（kA² · s）

t	I_{kt}	I_{kt}^2	系数	系数×I_{kt}^2	式（6.4.1）的分子	Q_{kACt}
0	78.573	6173.716	1	6173.716	76 723.396	25 574.465
2	80.085	6413.607	10	64 136.072		
4	80.085	6413.607	1	6413.607		

表 C.3.7-6　K6 点短路的 Q_{kACt} 计算成果　　（kA² · s）

t	I_{kt}	I_{kt}^2	系数	系数×I_{kt}^2	式（6.4.1）的分子	Q_{kACt}
0	14.193	201.441	1	201.441	2417.295	805.765
2	14.193	201.441	10	2014.412		
4	14.193	201.441	1	201.441		

2　直流分量热效应 Q_{DCt} 计算

由 C.3.2 中各点正序电抗及 C.3.4 各点电阻的计算结果并按式（6.5.2）进行计算。其中 $T_{eq} = 1 - e^{-\frac{2t}{T_a}}$，本算例中直流分量计算 t 取 4s，指数项衰减到接近 0，所以 $T_{a\Sigma} \approx T_{eq}$。

1）K1 点：

$$T_{a\Sigma} = \frac{x_\Sigma}{314 r_\Sigma} = \frac{0.074}{314 \times 0.0021} = 0.112 \text{（s）}$$

$Q_{DCt} = T_{a\Sigma}I_k^{"2} = 0.112 \times 16.404^2 = 30.14$ （kA² · s）

2） K2 点：

$$T_{a\Sigma} = \frac{x_\Sigma}{314 r_\Sigma} = \frac{0.187}{314 \times 0.00393} = 0.152 \text{ (s)}$$

$Q_{DCt} = T_{a\Sigma}I_k^{"2} = 0.152 \times 14.865^2 = 39.791$ （kA² · s）

3） K3 点：

$$T_{a\Sigma} = \frac{x_\Sigma}{314 r_\Sigma} = \frac{0.352}{314 \times 0.00587} = 0.191 \text{ (s)}$$

$Q_{DCt} = T_{a\Sigma}I_k^{"2} = 0.191 \times 115.202^2 = 2534.857$ （kA² · s）

4） K4 点：

$$T_{a\Sigma} = \frac{x_\Sigma}{314 r_\Sigma} = \frac{20.408}{314 \times 2.506} = 0.0259 \text{ (s)}$$

$Q_{DCt} = T_{a\Sigma}I_k^{"2} = 0.0259 \times 2.97^2 = 0.228$ （kA² · s）

5） K5 点：

$$T_{a\Sigma} = \frac{x_\Sigma}{314 r_\Sigma} = \frac{0.772}{314 \times 0.014} = 0.1756 \text{ (s)}$$

$Q_{DCt} = T_{a\Sigma}I_k^{"2} = 0.1756 \times 78.573^2 = 1084.104$ （kA² · s）

6） K6 点：

$$T_{a\Sigma} = \frac{x_\Sigma}{314 r_\Sigma} = \frac{4.255}{314 \times 0.101} = 0.134 \text{ (s)}$$

$Q_{DCt} = T_{a\Sigma}I_k^{"2} = 0.134 \times 14.193^2 = 26.993$ （kA² · s）

短路电流计算结果见表 C.3.7-7。

表 C.3.7-7 短路电流计算结果总表（运算曲线法）

短路点	短路点平均电压 (kV)	基准电流 (kA)	正序组合电抗	负序组合电抗	零序组合电抗	分支回路	分支计算电抗	分支额定电流 (kA)	短路电流交流分量初始值 (kA)	4s短路电流有效值 (kA)	短路电流直流分量初始值 (kA)	峰值短路电流 (kA)	单相接地短路电流交流分量初始值 (kA)	两相短路电流交流分量初始值 (kA)	两相接地短路电流交流分量初始值 (kA)	4s热效应 (kA²·s) 交流分量	4s热效应 (kA²·s) 直流分量	4s热效应 (kA²·s) 总值
K1	525	1.10	0.074	0.074	0.065	G1~G4	0.338	1.100	3.600	1.496	5.090	9.938						
						G5~G6	0.653	0.550	0.942	0.814	1.330	2.612						
						S1, S2	0.102	1.100	11.862	11.862	16.780	31.438						
						总值			16.404	14.172	23.200	43.988	17.04	12.87	15.16	893.700	30.140	923.840
K2	230	2.51	0.187	0.188	0.145	G1~G4	1.637	2.510	1.704	1.747	2.410	4.744						
						G5~G6	0.340	1.255	4.108	1.707	5.810	11.360						
						S1, S2	0.305	2.510	9.053	9.053	12.804	24.271						
						总值			14.865	12.507	21.024	40.375	15.93	11.59	14.04	712.330	39.791	752.121
K3	15.75	36.70	0.352			G1	0.200	9.164	50.926	8.578	72.020	141.138						
						G2~G6	3.364	45.821	14.984	14.984	21.187	41.697						
						S1, S2	0.819	36.700	49.292	49.292	69.707	133.143						
						总值			115.202	72.854	162.914	315.978				29925.609	2534.857	32460.466

87

NB／T 35043－2014

续表 C.3.7-7

短路点	短路点平均电压(kV)	基准电流(kA)	正序组合电抗	负序组合电抗	零序组合电抗	分支回路	分支计算电抗	分支额定电流(kA)	短路电流交流分量初始值(kA)	4s短路电流有效值(kA)	短路电流直流分量初始值(kA)	峰值短路电流(kA)	单相接地短路电流交流分量初始值(kA)	两相短路电流交流分量初始值(kA)	两相接地短路电流交流分量初始值(kA)	4s热效应(kA²·s) 交流分量	4s热效应(kA²·s) 直流分量	4s热效应(kA²·s) 总值
K4	10.5	55.0	20.408			G1	38.925	13.746	0.388	0.388	0.550	1.051				35.28	0.228	35.51
						G2~G6	57.860	68.732	1.307	1.307	1.848	2.668						
						S1、S2	47.445	55.000	1.275	1.275	1.804	2.699						
						总值			2.970	2.970	4.202	6.418						
K5	10.5	55.0	0.772			G1~G4	7.544	54.986	8.018	8.018	11.341	22.383				25574.47	1084.10	26658.57
						G5~G6	1.297	27.493	23.561	25.073	33.320	65.375						
						S1	2.454	55.000	24.653	24.653	34.870	67.360						
						S2	2.708	55.000	22.341	22.341	31.592	58.984						
						总值			78.573	80.085	111.123	214.102						
K6	10.5	55.0	4.255			G1~G4	41.636	54.986	1.453	1.453	2.057	3.505				805.77	26.99	832.76
						G5~G6	7.158	27.493	4.225	4.225	5.973	11.646						
						S1	13.543	55.000	4.467	4.467	6.314	12.065						
						S2	14.947	55.000	4.408	4.408	5.720	10.450						
						总值			14.193	14.193	20.064	37.666						

附录 D 水电工程电气设备电抗和直流分量时间常数参考值

表 D 水电工程电气设备电抗和直流分量时间常数参考值

序号	元件名称	规格	电抗平均值（未注单位者为标幺值）		T_a平均值（s）
			正序电抗	零序电抗	
1	水轮发电机	≥300MW	0.22	—	0.407
		100MW～300MW	0.20	—	0.250
		<100MW	0.20	—	0.206
		灯泡机组（≥10MW）	0.24	—	0.155
2	异步电动机	6kV 和 10kV	0.20	—	0.027
3	变压器	360MVA～720MVA		变压器的零序电抗与铁芯构造和绕组的连接方式有关，且分散性很大，宜由制造厂提供或实测	0.211
		100MVA～360MVA			0.151
		10MVA～90MVA			0.083
4	95mm² 及以上钢芯铝绞线	单根	0.40Ω/km	无避雷线： 单回路 $3.5 X_{(1)}$ 双回路 $5.5 X_{(1)}$ 有避雷线： 单回路 $3.0 X_{(1)}$ 双回路 $4.7 X_{(1)}$	0.010 4
		双分裂	0.31Ω/km		0.031 8
		四分裂	0.26Ω/km		0.054 6
5	三芯电缆（规格中电压为 U_m）	7.2kV～24kV	0.10Ω/km	$3.5 X_{(1)}$	0.001 1
		40.5kV	0.12Ω/km		0.002 5

续表 D

序号	元件名称	规格		电抗平均值（未注单位者为标幺值）		T_a 平均值（s）
				正序电抗	零序电抗	
6	单芯电缆（规格中电压为 U_m）	品字布置	7.2kV～40.5kV	0.13Ω/km	金属护套两端接地：$(0.5～1.0) X_{(1)}$	0.002 1
			126kV～550kV	0.13Ω/km		0.012
		平铺布置	7.2kV～40.5kV	0.18Ω/km	金属护套一端接地：$(7～10) X_{(1)}$	0.003 0
			126kV～550kV	0.19Ω/km		0.016
7	气体绝缘封闭输电线路（GIL）	550kV		0.07Ω/km	—	0.022
8	限流电抗器	$I_r \leq 1000A$		—	—	0.115
		$I_r > 1000A$		—	—	0.236
9	电力系统	≥500kV		—	—	0.075
		66kV～330kV		—	—	0.060
		≤35kV		—	—	0.120

本导则用词说明

1 为便于在执行本导则条文时区别对待,对要求严格程度不同的用词说明如下:

1) 表示严格的,非这样做不可的:
   正面词采用"必须",反面词采用"严禁";
2) 表示严格,在正常情况下均这样做的:
   正面词采用"应",反面词采用"不应"或"不得";
3) 表示允许稍有选择,在条件许可时首先应这样做的:
   正面词采用"宜",反面词采用"不宜";
4) 表示有选择,在一定条件下可以这样做的,采用"可"。

2 条文中指明应按其他有关标准执行的写法为:"应符合……的规定"或"应按……执行"。

中华人民共和国能源行业标准

水电工程三相交流系统短路电流
计 算 导 则
NB/T 35043—2014
代替 DL/T 5163—2002

条 文 说 明

修 订 说 明

《水电工程三相交流系统短路电流计算导则》NB/T 35043—2014,经国家能源局 2014 年 10 月 15 日以第 11 号公告批准发布。

本导则是在《水电工程三相交流系统短路电流计算导则》DL/T 5163—2002 的基础上修订而成,上一版的主编单位是国家电力公司北京勘测设计研究院,参编单位是西安交通大学,主要起草人员是姜树德、肖惕、梁见诚。

本导则修订过程中,编制组进行了深入细致的调查研究,总结了我国已建和在建水电工程建设的实践经验,同时参考了 IEC 60909-0～IEC 60909-4 的部分内容。水轮发电机电抗参数系根据各主要制造厂最新资料统计整理,其余设备的参数电抗系根据《电力工程电气设备手册　电气一次部分》(中国电力出版社,1998 年 10 月第一版)和电缆、GIL 制造厂的最新厂家资料整理,电缆参数系根据水电工程常用的电缆规格推导。设备的电抗值和时间常数分散性很大,计算短路电流时,应尽量采用制造厂提供的数据或实测数据。

为便于广大设计、施工、科研、学校等单位有关人员在使用本导则时能正确理解和执行条文规定,《水电工程三相交流系统短路电流计算导则》编制组按章、节、条顺序编制了本导则的条文说明,对条文规定的目的、依据以及执行中需注意的有关事项进行了说明。但是,本条文说明不具备与导则正文同等的法律效力,仅供使用者作为理解和把握导则规定的参考。

目 次

1 总则 ·· 96
2 术语和符号 ·· 97
3 短路电流计算的基本规定 ······················ 98
4 短路点与短路时间的选定 ····················· 100
5 短路电流计算的暂态解析法 ·················· 101
6 短路电流计算的运算曲线法 ·················· 104

1 总　　则

DL/T 5163—2002 中列在本章的"短路电流计算的基本假设条件"等内容，移至"3.1 一般规定"。
1.0.2 增加了标准适用范围"6kV～750kV"。

2 术语和符号

2.1 术　　语

删去了 DL/T 5163—2002 中与 GB/T 15544 重复的术语，仅保留本导则特有的术语。

2.2 符　　号

删去了 DL/T 5163—2002 中列在本节的"下角标"与"上角标"，内容合并到本节中。

国际标准中常将短路电流的交流分量称为"对称电流（symmetrical current）"，而将交流分量与直流分量之和称为"不对称电流（asymmetrical current）"；将三相短路称为"平衡短路"，将单相接地短路、两相短路等故障称为"不平衡短路"。而国内习惯将三相短路称为"对称短路"，将单相接地短路、两相短路等故障称为"不对称短路"。为避免歧义，本导则中将单相接地短路、两相短路等故障称为"不平衡短路（unbalanced short circuits）"，与 IEC 60909 保持一致。

3 短路电流计算的基本规定

3.1 一般规定

本节为新增，3.1.1～3.1.4 由 DL/T 5163—2002 的"3 总则"移来。

3.1.5 由 DL/T 5163—2002 的 4.1.22 移来。

3.1.6 由 DL/T 5163—2002 的 4.1.13 移来，新增了一个基准电压 787kV。

3.2 选择导体和电器时短路电流计算

3.2.2 本条根据《高压开关设备和控制设备标准的共用技术要求》GB/T 11022 等标准，采用"峰值耐受电流""短时耐受电流"等取代了"动稳定""热稳定"等术语。

3.2.3 断路器的额定短路开断电流以交流分量有效值和直流分量百分数表征，详见《高压交流断路器》GB 1984。

3.2.5 DL/T 5163—2002 中的"校验非限流熔断器的开断能力时，应计算短路电流全电流的最大有效值"主要针对跌落式熔断器。考虑到这种设备在水电厂应用很少，全电流的概念在其他领域基本不用，所以删去此句。现条文依据《导体和电器选择设计技术规定》DL/T 5222—2005 的 17.0.3。

3.3 设计接地装置时短路电流计算

DL/T 5163—2002 此节未分条，现版本将内容细化，分成两条。参见《交流电气装置接地设计规范》GB 50065。

3.4 设计继电保护时短路电流计算

3.4.1 表3.4.1根据《继电保护和安全自动装置技术规程》GB/T 14285—2006、《220kV～750kV电网继电保护装置运行整定规程》DL/T 559—2007、《3kV～110kV电网继电保护装置运行整定规程》DL/T 584—2007和《大型发电机变压器继电保护整定计算导则》DL/T 684—2012进行了大量修改。还有一些与继电保护相关的计算项目不能用表格方式简单说明，需参见上述标准的有关章节。

3.4.2 附录B参考了IEEE Std C37.91™：2008。校验变压器过电流保护灵敏度时，需计算二次侧保护区末端两相短路时反映到一次侧的电流，以往多采用0.866乘以二次侧三相短路电流时反映到一次侧的电流。由表B可见，只有接线组别为Yy或Dd时，这种做法才是正确的。如果接线组别为Yd或Dy，那么二次侧两相短路时，一次侧有一相电流与二次侧三相短路时的一次侧电流相同，不必乘以0.866。事实上，对于Dyn接线的变压器，灵敏度校验最严苛的情况是二次侧单相接地短路。这种情况下，反映到一次侧的短路电流为0.58乘以二次侧三相短路电流时反映到一次侧的电流。

4 短路点与短路时间的选定

4.1 短路点的选定

4.1.1 基本内容与 DL/T 5163—2002 相同，采用了《导体和电器选择设计技术规定》DL/T 5222—2005 的 5.0.6 的用语，但将"动稳定""热稳定"改成了"峰值耐受电流""短时耐受电流"。

4.1.2 保留 DL/T 5163—2002 条文，取自《导体和电器选择设计技术规定》DL/T 5222—2005 的 7.8.10。

4.1.3 基本内容与 DL/T 5163—2002 相同，采用了《导体和电器选择设计技术规定》DL/T 5222—2005 的 5.0.8 的用语。

4.2 短路时间的确定

4.2.1 基本内容与 DL/T 5163—2002 相同，采用了《导体和电器选择设计技术规定》DL/T 5222—2005 的 5.0.11 的用语。

4.2.2 新增了"对发电机断路器为 2s"，其余内容与 DL/T 5163—2002 基本相同，采用了《导体和电器选择设计技术规定》DL/T 5222—2005 的 5.0.13、7.8.10、9.2.4 的用语。

5 短路电流计算的暂态解析法

5.1 暂态解析法

暂态解析法是一种短路电流计算机辅助计算方法。本节删去了 DL/T 5163—2002 中具体计算软件使用方法的描述,只列出了对于暂态解析法的原则性要求。详细原理和使用方法请参阅相应的软件使用说明书,以下列出主要步骤:
1 绘制等效电路。
  1) 等效电路应根据系统可能出现最大或最小短路电流的正常运行接线分别绘制。
  2) 等效电路由节点和支路组成,电机的阻抗不作为支路出现。节点和支路应分别连续编号。
  3) 计算三相短路电流应做出正序网络等效电路,计算不平衡接地短路电流还应做出负序网络和零序网络的等效电路。
  4) 节点分为以下几种:
    ——电源节点(包括等效系统、发电机、同步电动机和同步调相机以及电压为 6kV 及以上的异步电动机);
    ——负荷节点;
    ——并联补偿节点(指连接感性补偿装置的节点,容性补偿装置不计);
    ——中间节点(包括连接节点和末端节点)。
  5) 支路分为以下两种:
    ——线路(包括输电线路、电缆和串联电抗器);

——变压器。

6) 电源节点应准备的参数有 P（电源向节点输入的额定有功功率，单位为 MW）、$\cos\varphi$（额定功率因数）和 U（节点电压的标幺值）。此外，不同的电源节点还应准备以下参数：

——等效系统：S（系统的短路容量，单位为 MVA）；

——发电机、调相机和同步电动机：额定容量（单位为 MVA）、x''_{ds}、x''_{du}、x'_{ds}、x'_{du}、x_d、x''_q、x_q（阻抗均为以电机额定容量为基准的标幺值）、$\cos\varphi$、T_a、T''_{do}、T'_{do}、T''_{qo}（时间常数单位为 s）、K_q（励磁顶值电压倍数）、T_e（励磁系统时间常数，单位为 s）；

——异步电动机：额定容量（单位为 MVA）、x''（电动机的超瞬态电抗，取启动电流倍数的倒数）、x（电动机的稳态电抗，取空载电流倍数的倒数）、$\cos\varphi$、T_a、T''_0（相当于同步电动机的 T''_{do}），所有时间常数单位为 s。

7) 负荷节点应准备的参数有
P、$\cos\varphi$ 和 U（含义与电源节点相同，但 P 应为负值）。

8) 并联补偿节点应准备的参数有 Q（补偿装置的容量，对于感性补偿装置，此值为正，单位为 Mvar；对于容性补偿装置，略去不计，利用 6.5 节的方法对计算结果予以校正）和 U（标幺值）。

9) 线路支路应准备以下参数
——R_L、X_L、b_L（分别为每千米的电阻、电抗和容纳的有名值，单位分别为Ω、Ω和 S）；
——L（线路长度，单位为 km）。

10) 变压器支路应准备的参数有 S（变压器的额定容量，单位为 MVA）、u_k（短路电抗的标幺值）、Δp（负载损耗，单位为kW）以及 U_i 和 U_j（一、二次侧电压，单位为kV）。

11）零序网络的等效电路的节点和支路数应与正序网络的相同。此外还应考虑接地支路的电阻和电抗值。

2 启动数据输入程序，按照提示输入上述相关参数。

3 启动潮流分布计算程序，按照提示进行计算。

4 启动短路电流交流分量计算程序，按照提示进行计算。

5 启动直流分量和峰值短路电流及发热计算程序，按照提示进行计算。

5.2 等 效 电 路

5.2.3 本导则只提及6kV和10kV的异步电动机。电压低于6kV（例如3kV）的大容量异步电动机在我国不是标准产品，极少生产。

6 短路电流计算的运算曲线法

6.3 短路电流计算方法

6.3.1 本条与 DL/T 5163—2002 的 8.3.1 相当。

DL/T 5163—2002 中："如果计算电抗的标幺值大于等于 3，则不计衰减，用计算电抗的标幺值的倒数求得短路电流标幺值后换算为有名值。"实际上，由运算曲线可以看出，从计算电抗的标幺值大于等于 2 起，短路电流已经不衰减，而且短路电流标幺值为电抗的标幺值的倒数的 1.1 倍，所以本条进行了相应的修改。修改之后，与 Short-circuit currents in three-phase a.c. systems IEC 60909.1～60909.4 和《三相交流系统短路电流计算 第 1 部分：电流计算》GB/T 15544.1 的计算方法以及常用计算方法一致。

原 8.3.1 中"等效电路中 6kV 的异步电动机机端短路时应计及反馈电流"一语表述不准确，修订为"计算 6kV 和 10kV 回路的三相短路电流时，应计及本电压等级异步电动机的反馈电流"。

式（6.3.1-2）与 DL/T 5163—2002 中的式（8.3.1-2）相当，本次修订删去其中直流分量计算公式，将直流分量的计算集中到 6.3.3。

图 6.3.1-1 和图 6.3.1-2 与 DL/T 5163—2002 中的图 8.3.1 功能相当，都反映异步电动机机端短路时的交流分量衰减时间常数与电动机有功功率的关系。原图 8.3.1 源自《电力工程电气设计手册 电气一次部分》（中国电力出版社，1989 年 12 月第一版）。修订后的图 6.3.1-1 和图 6.3.1-2 根据 IEC 60909-1—2002 的图 35 弥合绘制。

6.3.2 DL/T 5163—2002 中的 8.3.2，规定了励磁顶值倍数大于 2 时

短路电流的修正方法，适用于直流励磁机的发电机组，不适用于自并励机组，所以删去此条。DL/T 5163—2002 中的 8.3.3 条，规定了发电机时间常数与标准参数差异较大时短路电流的修正方法。研究表明，这种参数差异引起的误差很小，完全在容许范围内，所以删去此条。

本条规定了计算三相短路或单相接地短路与计算两相短路和两相接地短路采用不同的系数，因为计算前两种短路是为了选择设备，计算后两种短路是为了校验保护的灵敏度。

对于如图 1 所示系统的不平衡短路（以单相接地短路电流为例），如果计及不同电源（例如电力系统和发电机组）之间的差异，则各序网络应分别列出，然后用叠加原理求得正序短路电流及总短路电流，见图 2。

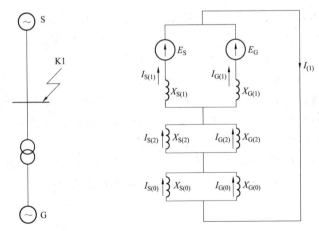

图 1　系统接线图　　　　图 2　单相接地短路的复合序网

常见的错误是按不同电源分别构成序网计算，再将结果叠加，见图 3。这种方法的原理是错误的，不应采用。

6.3.4 本条与 DL/T 5163—2002 中的 8.3.6 相当。原 8.3.6 中"异步电动机机端短路时应计及反馈电流峰值"一语表述不准确，修订为"计算6kV及以上的异步电动机的反馈峰值电流"。

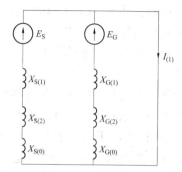

图3 单相接地短路的复合序网（错误）

删去了 DL/T 5163—2002 中的图 8.3.6-2，采用根据 IEC 60909 提供的 R_M/X_M 推算的峰值系数平均值。

DL/T 5163—2002 的峰值系数曲线图 8.3.6-1 有两个横坐标 T_a 和 X/R。为了便于查找，修订后分解为图 6.3.4-1 和图 6.3.4-2，纵坐标都是峰值系数，横坐标分别为 T_a 和 X/R。

6.3.6 图 6.3.6-1～图 6.3.6-4 和表 6.3.6-1～表 6.3.6-4 的运算曲线和参数表是根据水轮发电机组的按最新资料计算所得的平均参数和自并励方式下的同步电机基本方程计算出来的。比较新旧运算曲线可以看出，二者的 0s 值十分接近。

由于直流励磁机励磁方式现已很少采用，且其运算曲线在设计手册和规程中都可以查到，本导则中不再列入。

参 考 文 献

[1] GB 1984　高压交流断路器
[2] GB/T 11022　高压开关设备和控制设备标准的共用技术要求
[3] GB/T 14285　继电保护和安全自动装置技术规程
[4] GB/T 15544.1　三相交流系统短路电流计算　第1部分：电流计算
[5] GB/T 50065　交流电气装置的接地设计规范
[6] DL/T 559　220kV～750kV电网继电保护装置运行整定规程
[7] DL/T 584　3kV～110kV电网继电保护装置运行整定规程
[8] DL/T 684　大型发电机变压器继电保护整定计算导则
[9] DL/T 5222　导体和电器选择设计技术规定
[10] IEC 60909.0～60909.4　Short-circuit currents in three-phase a.c. systems
[11] IEEE Std C37.91™　IEEE Guide for Protecting Power Transformers